全国技工院校航空服务专业教材（中级技能层级）
全国中等职业学校航空服务专业教材

民航概论

Minhang Gailun

李天杰　主编

中国劳动社会保障出版社

图书在版编目（CIP）数据

民航概论 / 李天杰主编 . -- 北京：中国劳动社会保障出版社，2019
全国技工院校航空服务专业教材（中级技能层级） 全国中等职业学校航空服务专业教材
ISBN 978-7-5167-4208-2

Ⅰ. ①民… Ⅱ. ①李… Ⅲ. ①民用航空 - 中等专业学校 - 教材 Ⅳ. ①V2

中国版本图书馆 CIP 数据核字（2019）第 227696 号

中国劳动社会保障出版社出版发行
（北京市惠新东街 1 号 邮政编码：100029）
*
北京市艺辉印刷有限公司印刷装订 新华书店经销
787 毫米 × 1092 毫米 16 开本 7.5 印张 124 千字
2019 年 10 月第 1 版 2022 年 6 月第 6 次印刷
定价：16.00 元

读者服务部电话：（010）64929211/84209101/64921644
营销中心电话：（010）64962347
出版社网址：http://www.class.com.cn
http://jg.class.com.cn

简介

Introduction

本教材适用于全国技工院校航空服务专业（中级技能层级）和全国中等职业学校航空服务专业。教材主要介绍了民用航空的定义与分类、民用航空发展历程、国际航空组织与航空法律法规、民用航空系统组成、飞机结构及飞行原理、空中交通管理、民航运输、通用航空等方面的内容。

本教材依据中职学生认知特点编写，语言简洁、明了，注重利用图表辅助讲解知识点，突出直观性，同时每章配有思考与练习，帮助学生巩固所学内容。教材还配有电子课件，可通过职业教育教学资源和数字学习中心（http://zyjy.class.com.cn）下载。

本教材由李天杰任主编，徐雁、周珠、余成路、周启明参加编写，秦辉任主审。

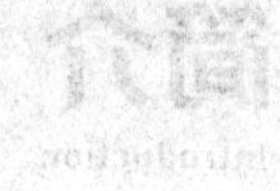

目录
Contents

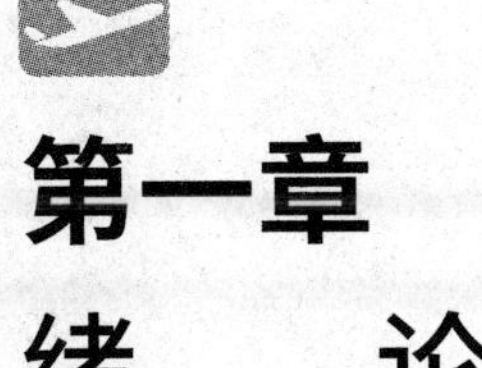

第一章 绪　论

学习目标

☞ 了解民用航空的定义与分类

☞ 了解民用航空的发展历程

☞ 了解国际航空组织

☞ 了解国际航空法和国内航空法律法规

民用航空是航空领域一个至关重要的行业。20世纪50年代以来，民用航空的服务范围不断扩大，持续促进国内和国际贸易、旅游和各种交往活动的发展，民用航空业逐渐成为我国一个重要的经济支柱产业。

第一节　民用航空的定义与分类

一、民用航空的定义

民用航空是指利用各种航空器从事除军事性质（包括国防、警察和海关等）以外的所有航空活动。民用航空是航空业的一部分，以“利用各种航空器”界定了它和航空制造业的界限，以“非军事等性质”表明了它和军事航空等航空活动的区别。

二、民用航空的分类

民用航空分为两大类，即航空运输和通用航空。

1. 航空运输

航空运输又称商业航空，是指利用飞机等航空器从事以营利为目的的客货运输航空活动。可以看出，航空运输既是一种商业活动，以营利为目的，又是一种运输活动，与铁路运输、公路运输、水路运输和管道运输共同组成了国家的交通运输系统。

2. 通用航空

通用航空是指除商业活动（航空运输）以外的民用航空活动。按照国际民航组织（ICAO）的分类，通用航空可以划分为航空作业和其他通用航空两个部分。

（1）航空作业

航空作业又称专业航空，是指利用飞机等航空器进行的专业性航空服务活动，具体可以分为以下几类：

1）工业航空。包括与工矿业有关的各种航空服务活动，如航空摄影、航空遥感、航空测绘、航空物探、航空吊装、海上采油、航空环境监测等。

2）农业航空。包括为农、林、牧、渔等各行业提供的航空服务活动，如森林灭火除虫、撒播树种草种、撒播农药、除草、观测渔情等（见图1—1）。

3）科研航空。包括新飞机的试飞、新技术的验证，以及利用航空器进行的气象、天文观测等航空服务活动。

除此之外，航空作业在巡逻、搜寻、救助、医疗等更多的领域和行业中都逐渐得到了应用。

图1—1　农业航空

（2）其他通用航空

1）公务航空。由于企业规模的扩大、跨国企业的出现以及航空器的普及，越来越多的大型企业、事业单位或政府部门自备航空器为其自身业务服务或进行出租，这使得公务航空逐渐成为通用航空中一个重要的组成部分。

2）私人航空。随着社会经济的发展，私人拥有航空器作为交通或娱乐工具，已向普及化和多种形式的服务化方向发展。

3）飞行训练。包括培养各类飞行人员（军事航空飞行人员除外）的学校和俱乐部进行的飞行活动。

4）航空体育运动。包括利用各类航空器进行的体育和娱乐活动，如跳伞、滑翔运动、热气球飞行及航空模型运动等。

第二节 民用航空发展历程

一、世界民用航空发展历程

1. 可操纵飞机的诞生

1903 年，美国的莱特兄弟（见图 1—2）设计和制造了带活塞发动机的“飞行者 1 号”飞机（见图 1—3），并于同年 12 月 17 日成功地进行了动力飞行，实现了人类首次持续的、有动力的、可操纵的飞行，开创了现代航空的新纪元。莱特兄弟因此被誉为“飞机之父”，“飞行者 1 号”飞机也被载入世界航空历史。

维尔伯·莱特（左）和奥维尔·莱特（右）

图 1—2 莱特兄弟照片

图 1—3 “飞行者 1 号”飞机

2. 民用航空的大发展时期

第二次世界大战后，民航运输业经历了恢复和发展。在这一时期，国际航空法律法规逐步建立和完善；全球加速兴建机场和航路等基础设施，初步形成全球范围的航空网；喷气式民用飞机开始商用，飞机的巡航速度和载客量大幅提高。喷气式民航飞机使远程、廉价的民航运输成为可能；美国、欧洲等国家和地区相继出现了大量航空公司，发展中国家也把参与国际航空市场作为国家尊严和地位的象征，全力支持本国航空公司的发展。

3. 民用航空的全球化、大众化时期

20 世纪 70 年代以后，民航飞机继续朝着大型化和高速度的方向发展。1970 年，波音 747 宽体客机（见图 1—4）投入航线是民航飞机大型化的一个重要标志。时至今日，民用航空业已经发展成为一个巨大的国际性行业，对世界经济发展有着举足轻重的影响，各国政府和企业都对民用航空业进行了大量的投资，把它作为一个潜力巨大的行业来开拓和发展。

图 1—4　波音 747 宽体客机

二、中国民用航空发展历程

1910 年，清政府向法国购买了一架“法曼”双翼机，并在北京南苑的毅军操场内开通了机场，这是我国拥有的第一架飞机和首座机场。

在北洋军阀政府和国民党政府统治时期，我国民用航空业有了一定发展，先后有过 4 家民航运输企业，主要使用德制容克型飞机、美制史汀生型飞机和 DC–2 型飞机。1949 年 10 月，我国中央航空公司与中国航空公司两家航空公司共拥有 84 架飞机。

1949 年 11 月 2 日，中国民用航空总局成立，揭开了我国民航事业发展的新篇章。

1949 年 11 月 9 日，原中国航空公司和中央航空公司的多名员工在香港举行起义（史称“两航起义”），分别驾驶 12 架飞机飞回祖国，与其他 17 架飞机共同组成新中国的民航机队。

1950 年，美国康维尔公司出品的 CV–204 型飞机被命名为“北京号”，毛泽东主席亲自为该机题写了“北京”二字，如图 1—5 所示。

图 1—5 “北京号”飞机

20 世纪 50 年代，我国向苏联陆续购买了伊尔–14 运输机和伊尔–18 运输机，从使用活塞式螺旋桨飞机开始过渡到使用涡轮螺旋桨飞机，正式进入喷气飞机时代。

1957 年 12 月，我国自主研制的运–5 运输机首飞成功，结束了我国依靠购买外国飞机来建设民用航空业的时代。运–5 运输机如图 1—6 所示。

图 1—6 运–5 运输机

党的十一届三中全会以来，我国民用航空业坚持体制改革，持续快速发展，取得了举世瞩目的成就。1962 年，中国民用航空总局脱离空军管制，改为国务院直属机构，实行政企合一管理。

1987 年起，中国民航实施政企分开，组建了民航华北、华东、中南、西南、西北和东北六个地区管理局。这六个地区管理局既是管理地区民航事务的政府部门，又是企业，领导和管理各民航省(区、市)局和机场。同时组建中国国际航空公司(现更名为“中国国际航空股份有限公司”)、中国东方航空公司(现更名为“中国东方航空股份有限公司”）等运输和保障企业，实行自主经营、自负盈亏。

2002 年 10 月 11 日，中国民航企业再次重组，成立中国航空集团公司、东方航空集团公司、南方航空集团公司、中国民航信息集团有限公司、中国航空油料集团有限公司和中国航空器材进出口集团公司。

同时，按照政企分开、属地管理的原则，把全国 93 个机场相关资产和人员一并划转地方管理。2004 年 7 月 8 日，甘肃机场移交地方管理，至此，机场属地化管理改革全面完成，这也标志着中国民航体制改革全面完成。

2008 年 3 月，中国民用航空总局更名为中国民用航空局，归交通运输部管理。

目前，我国民用航空业以持续安全为前提，以改革创新为动力，加快建设民航基础设施网络，全面提升综合国际竞争力，正努力实现从民航大国到民航强国的跨越。

第三节　国际航空组织与航空法律法规

民用航空业的相关国际组织通过协调和沟通政府间政策，在公平合理和尊重主权的基础上，直接或者间接地为从事国际航空运输工作的各航空企业提供合作途径，解决实际运作中的困难和法律问题，促进全世界国际民用航空安全、有序地发展，保证国际航行的飞行安全。

一、国际民航运输管理机构

1. 国际航空运输协会

(1) 概况

国际航空运输协会（International Air Transport Association，简称 IATA）是一个由世界各国航空公司组成的大型国际组织，其前身是 1919 年在海牙成立并在第二次世界大战时解体的国际航空业务协会，总部设在加拿大蒙特利尔，执行机构设在瑞士日内瓦（标识见图 1—7）。国际航空运输协会从组织形式上是一个航空企业的行业联盟，属非官方性质组织，但由于世界上大多数国家的航空公司归国家所有，即使非国有的航空公司也受到所属国政府的强力参与或控制，因此它实际上是一个半官方组织。

图 1—7　国际航空运输协会标识

1993年8月，中国国际航空公司、中国东方航空公司和中国南方航空公司正式加入IATA。1994年4月15日，国际航空运输协会在北京设立了中国代理人事务办事处，此后我国其他航空公司也相继加入该协会。

（2）机构组成

1）全体会议。全体会议是国际航空运输协会的最高权力机构，每年举行一次会议，经执行委员会召集，也可随时召开特别会议。所有正式会员在决议中都拥有平等的一票表决权，如果不能参加，也可授权另一正式会员代表其出席会议并表决。全体会议的决定以多数票为通过。在全体会议上，审议的问题只限于涉及国际航空运输协会本身的重大问题，如选举协会的主席和执行委员会委员、成立有关委员会以及审议本组织的财政问题等。

2）执行委员会。执行委员会是全体会议的代表机构，对外全权代表国际航空运输协会。执行委员会成员必须是正式会员的代表，任期分别为一年、两年和三年。执行委员会的职责主要包括管理协会财产、设置分支机构、制定协会政策等。

3）专门委员会。国际航空运输协会分设运输、财务、法律和技术四个专门委员会。各专门委员会由专家、区域代表及其他人员组成并报执行委员会和全体会议批准。

（3）基本职能

国际航空运输协会的基本职能包括：国际航空运输规则的统一，业务代理，空运企业间的财务结算，技术合作，参与机场活动，协调国际航空客货运价，参与航空法律工作，帮助发展中国家航空公司培训高级管理人员等。

2. 国际民用航空组织

（1）概况

国际民用航空组织（International Civil Aviation Organization，简称ICAO）是联合国的一个专门机构（标识见图1—8），于1944年为促进全世界民用航空安全、有序发展而成立，总部设在加拿大蒙特利尔，主要负责制定国际空运标准和条例，是192个缔约国（截至2017年12月）在民航领域开展合作的媒介。

2004年在国际民用航空组织的第35届大会上，我国当选为该组织一类理事国，并在蒙特利尔设有中国常驻国际民用航空组织理事会代表处。2016年10月1日，中国在国际民用航空组织第

图1—8 国际民用航空组织标识

39届大会上再次高票当选为一类理事国，这是自2004年以来中国第5次连任该组织一类理事国。

（2）组织机构

1）大会。大会是国际民用航空组织的最高权力机构，由全体成员国组成。大会由理事会召集，一般情况下每三年举行一次，遇有特别情况时或经五分之一以上成员国向秘书长提出要求时，可以召开特别会议。参加大会的每一个成员国只有一票表决权。大会决议一般以超过半数票为通过，但在某些情况下，需以三分之二以上票为通过。

2）理事会。理事会是向大会负责的常设机构，由大会选出的33个缔约国组成。理事会成员国分为三类：第一类是在航空运输领域位居特别重要地位的成员国，第二类是对提供国际航空运输发展有突出贡献的成员国，第三类是区域代表成员国。

理事会的主要职责包括：执行大会授予的职权并向大会报告本组织及各国执行公约的情况，管理本组织财务，领导各下属机构工作，通过公约附件向各缔约国通报有关情况，研究、参与国际航空运输发展和经营有关问题并通报成员国，对争端和违反《芝加哥公约》的行为进行裁决等。

3）秘书处。秘书处是国际民用航空组织的常设行政机构，由秘书长负责保证国际民用航空组织各项工作的顺利进行。秘书长由理事会任命，主要任务是建立和帮助各缔约国实行国际民用航空组织制定的国际标准、建设措施和地区规划等。

二、国际航空联盟

国际航空联盟是指两家或两家以上的航空公司之间所达成的合作协议。全球最大的三个航空联盟是星空联盟、天合联盟及寰宇一家。除客运外，货运也有航空联盟，如WOW航空联盟等。航空联盟提供了覆盖全球的航空网络，加强了国家间的联系，提供了更灵活的航班开出时间，减少了转机次数，可以为旅客提供更为便利的服务。联盟内部还能共用维修设施、运作设备和职员等，以降低成本，从而使旅客能够以更低廉的价格购买机票。除此之外，联盟内高级会员在指定机场还能享受到区别于普通旅客的特殊优质服务。

1. 星空联盟（标识见图1—9）

图1—9 星空联盟标识

星空联盟（Star Alliance）成立于1997年，总部位于德国法兰克福，是世界上第一家全球性航空公司联盟。星空联盟最初成立时的五个成员分别是北欧航空公司、泰国国际航空公司、加拿大航空公司、汉莎航空公司和美国联合航空公司。目前，星空联盟共拥有 28 家会员公司，航线涵盖 190 多个国家的 1 300 座机场。中国国际航空公司于 2007 年 12 月加入星空联盟。

2. 天合联盟（标识见图 1—10）

天合联盟（Sky Team）成立于 2000 年，总部位于荷兰阿姆斯特丹，最初成立时的四个成员分别是法国航空公司、达美航空公司、墨西哥国际航空公司和韩国大韩航空公司。目前，天合联盟共拥有 19 家会员航空公司。中国东方航空公司于 2011 年 6 月正式加入天合联盟。

3. 寰宇一家（标识见图 1—11）

寰宇一家（Oneworld Alliance）成立于 1999 年，总部位于美国纽约，最初成立时的五个成员分别是美国航空公司、英国航空公司、原加拿大航空公司（Canadian Airlines，现已被 Air Canada 收购）、国泰航空公司和澳洲航空公司。目前，寰宇一家共拥有 15 家会员航空公司。

图 1—10 天合联盟标识

图 1—11 寰宇一家标识

三、航空法律法规

1. 国际航空法规

民用航空活动具有国际性的特点，安全、正常、高效是其基本要求。国际航空法规和国际航空运输管理规则的建立，确保了航空运输活动的安全和秩序、航空运输活动主体与当事国的合法权益，以及国际运输活动的健康发展。

(1)《统一国际航空运输某些规则的公约》(《华沙公约》)

《统一国际航空运输某些规则的公约》于 1929 年 9 月 12 日签订于波兰华沙，因此又称《华沙公约》。该公约共分5章41条，对国际航空运输的定义、运输凭证和承运人责任做出了明确的规定，奠定了国际司法在这些方面的基础。

(2)《国际民用航空公约》(《芝加哥公约》)

1944年，为解决国际航空运输业务权等国际性问题，联合国在芝加哥召开了由52个国家参加的国际民用航空会议，会议上签订了《国际民用航空公约》(又称《芝加哥公约》)，并根据公约成立了联合国下属的国际民用航空组织，这构成了现代世界民用航空的统一立法和管理体系。

(3)《关于制止危害民用航空安全的非法行为的公约》(《蒙特利尔公约》)

为了较好地解决劫机问题，1971年9月8—23日，国际民用航空组织在加拿大蒙特利尔召开了航空法外交会议，并于9月23日签订了《关于制止危害民用航空安全的非法行为的公约》(又称《蒙特利尔公约》)。该公约共有7章57条，根据其规定，国际航空承运人应当对旅客的人身伤亡、行李和货物损失，以及由于航班延误造成的旅客、行李或货物的损失承担责任并予以赔偿。

2. 中国民用航空法律法规

我国民用航空法律框架的形成经历了比较长的时期。自新中国成立以来，我国民用航空业的法规体系逐步得以完善，特别是改革开放以来，我国民用航空法律法规体系建设得到了长足的发展。

根据法律的效力等级，从纵向层次上，我国民用航空法律法规体系可以分为法律、行政法规和行政法规性文件、民航规章三个层级(见图1—12)。

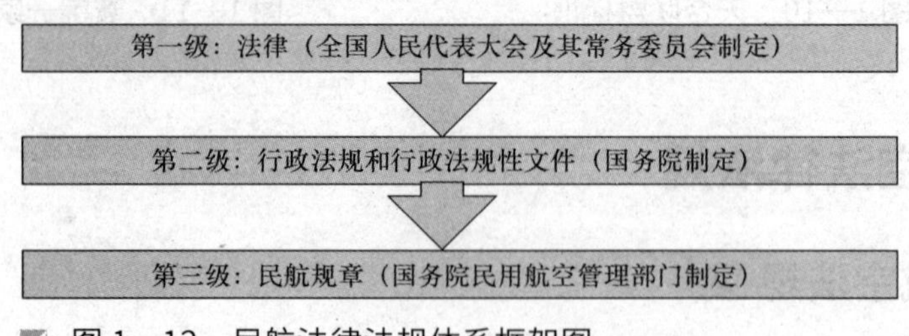

图1—12　民航法律法规体系框架图

(1) 法律

法律由全国人民代表大会及其常务委员会制定，其效力高于其他法规和规章。目前我国民用航空业最主要的法律是1996年施行、2018年12月第五次修订的《中华人民共和国民用航空法》(以下简称《民用航空法》)，它规定了我国民用航空业的基本法律制度，是制定其他民航法规规章的基本依据。

（2）行政法规和行政法规性文件

行政法规和行政法规性文件是指国务院根据宪法和法律制定或批准的规范民用航空活动的规定，如《中华人民共和国飞行基本规则》《中华人民共和国民用航空器适航管理条例》《中华人民共和国民用航空安全保卫条例》等。

（3）民航规章

民航规章是指国务院民用航空主管部门根据法律和国务院的行政法规、决定、命令，在本部门权限范围内制定、发布的规定，它在民用航空法律法规体系中内容最广、数量最多，涉及民用航空活动的方方面面，是民用航空主管部门实施行业管理的重要依据。为了和国际上的民用航空有关规定协调，我国民航规章按国际通行的编号分为15编、400部（见表1—1）。

表1—1　中国民航规章分类目录

序号	部数	内容
1	1 ~ 20	行政程序规则
2	21 ~ 59	航空器
3	60 ~ 70	航空人员
4	71 ~ 120	空域、导航设施、空中交通规则和一般运行规则
5	121 ~ 139	民用航空企业合格审定及运输
6	140 ~ 149	学校、非航空人员及其他单位的合格审定及运行
7	150 ~ 179	民用机场建设和管理
8	180 ~ 189	委任代表规则
9	190 ~ 199	航空保险
10	200 ~ 250	综合调控规则
11	251 ~ 270	航空基金
12	271 ~ 325	航空运输规则
13	326 ~ 355	航空保安
14	356 ~ 390	科技和计量标准
15	391 ~ 400	航空器搜寻援救和事故调查

思考与练习

1. 民用航空的定义是什么？

2. 民用航空分为哪几类？

3. 全球最大的三个航空联盟分别是什么？

4. 我国民用航空法律法规体系分为哪三个层级？

第二章 民用航空系统组成

学习目标

- ☞ 了解民用航空系统的基本组成
- ☞ 了解民航机场等级的划分规则
- ☞ 熟悉候机楼的各种功能区及其功能
- ☞ 了解我国主要航空集团公司及航空运输服务保障企业

从组织结构上来看，民用航空系统主要由三大部分构成：行政管理部门、民航企事业单位和民航机场。行政管理部门负责统筹规划、拟订方针和制订计划；民航企事业单位负责运营航线，为旅客提供所需要的客运和货运服务；民航机场负责提供民用航空器的经营活动场所和必要的相关保障服务。三者各司其职、协调运行，保证着中国民用航空业的有序发展。

第一节　中国民航组织管理体系

民用航空业对安全的要求极高，同时又经常涉及国家主权和国际交往事务，这就要求各个国家都要设立独立的行政管理部门管理民航事务。我国由中国民用航空局负责管理民航的一切事务。

一、中国民用航空局

中国民用航空局（简称民航局或CAAC）是由中华人民共和国交通运输部管理的主管民用航空事业的国家局，其前身为中国民用航空总局，于2008年3月改为中国民用航空局。目前其基本组织结构如图2—1所示。

中国民用航空局的职责主要包括以下方面：

1. 提出民航行业发展战略和中长期规划、与综合运输体系相关的专项规划建议，按规定拟订民航有关规划和年度计划并组织实施和监督检查。起草相关法律法规草案、规章草案、政策和标准，推进民航行业体制改革工作。

2. 承担民航飞行安全和地面安全监管责任。负责民用航空器运营人、航空人员训练机构、民用航空产品及维修单位的审定和监督检查，负责危险品航空运输监管、民用航空器国籍登记和运行评审工作，负责机场飞行程序和运行最低标准监督管理工作，承担民航航空人员资格和民用航空卫生监督管理工作。

3. 负责民航空中交通管理工作。编制民航空域规划，负责民航航路的建设和管理，负责民航通信导航监视、航行情报、航空气象的监督管理。

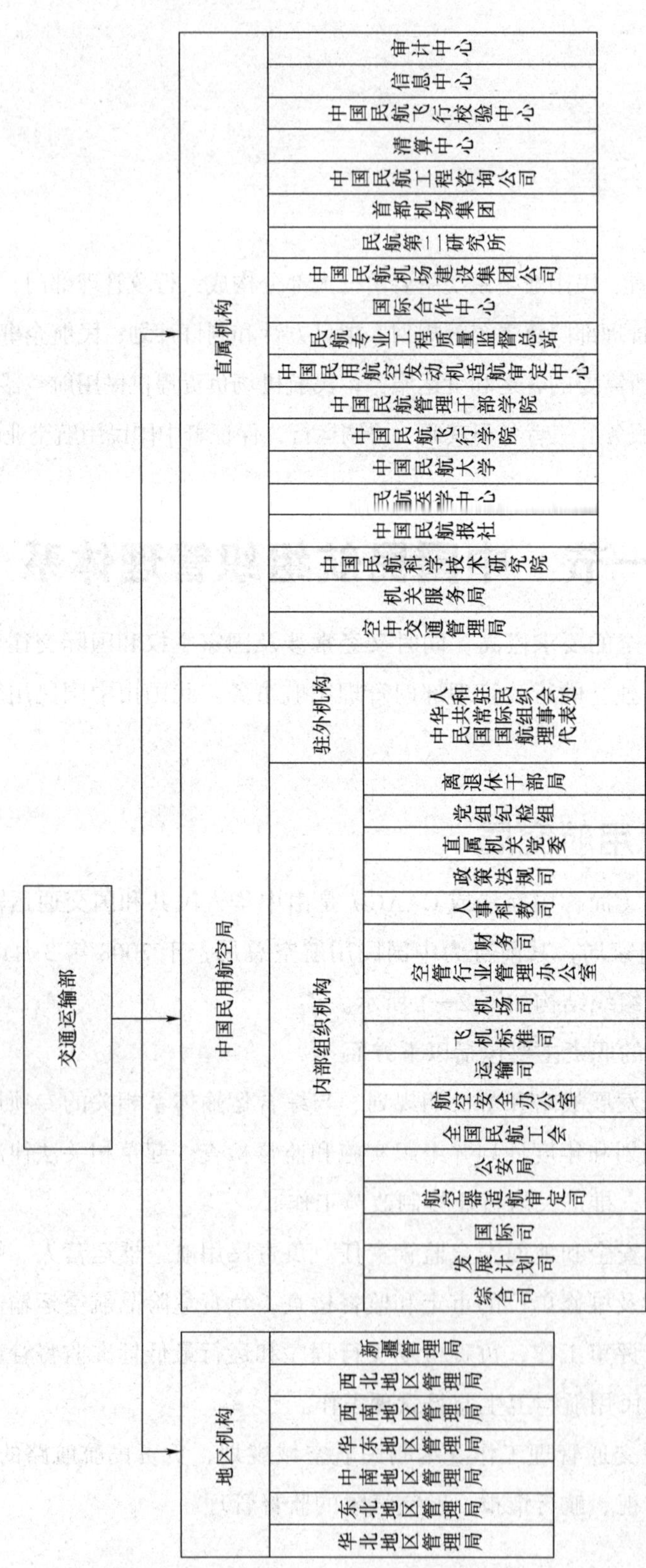

图2—1 中国民用航空局组织结构图

4. 承担民航空防安全监管责任。负责民航安全保卫的监督管理，承担处置劫机、炸机及其他非法干扰民航事件相关工作，负责民航安全检查、机场公安及消防救援的监督管理。

5. 拟订民用航空器事故及事故征候标准，按规定调查处理民用航空器事故。组织协调民航突发事件应急处置，组织协调重大航空运输和通用航空任务，承担国防动员有关工作。

6. 负责民航机场建设和安全运行的监督管理。负责民用机场的场址、总体规划、工程设计审批和使用许可管理工作，承担民用机场的环境保护、土地使用、净空保护有关管理工作，负责民航专业工程质量的监督管理。

7. 承担航空运输和通用航空市场监管责任。监督、检查民航运输服务标准及质量，维护航空消费者权益，负责航空运输和通用航空活动有关许可管理工作。

8. 拟订民航行业价格、收费政策并监督实施，提出民航行业财税等政策建议。按规定权限负责民航建设项目的投资和管理，审核（审批）购租民用航空器的申请，监测民航行业经济效益和运行情况，负责民航行业统计工作。

9. 组织民航重大科技项目开发与应用，推进信息化建设。指导民航行业人力资源开发、科技、教育培训和节能减排工作。

10. 负责民航国际合作与外事工作，维护国家航空权益，开展与港澳台地区的交流与合作。

二、民航地区管理局

中国民用航空局下设华东地区管理局、中南地区管理局、华北地区管理局、西北地区管理局、东北地区管理局、西南地区管理局和新疆管理局 7 个地区管理局，每个地区管理局负责辖区内的信息公开、行政许可、规范制定、运输生产、安全监管等一切与民航相关的事务。地区管理局内部机构设置如图 2—2 所示。

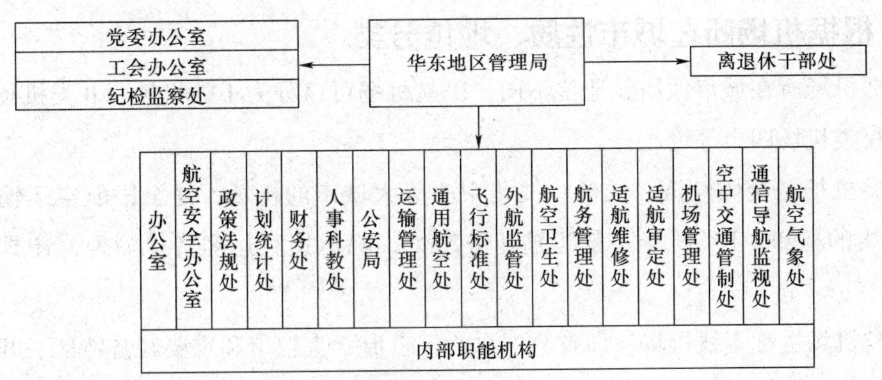

图 2—2　地区管理局内部机构设置

三、民航安全监督管理局和民航安全监督办公室

每个民航地区管理局又下设数个安全监督管理局或安全监督办公室，负责所在省（市、区）所有的民航相关事务。

第二节　民 航 机 场

一、民航机场的定义

国际民航组织将机场定义为：供飞机起飞、降落和地面活动而划定的一块地域或水域，包括域内的各种建筑物和设备装置。

二、民航机场的分类

一般来说，民航机场可以分为三大类：军用机场、民用机场和军民合用机场。

军用机场是指专供军用飞机起飞、降落、停放和组织、保障飞行活动的场所，是航空兵进行作战训练等各项任务的基地。

民用机场是指专供民用飞机起飞、降落、停放以及进行其他活动使用的划定区域，包括附属的建筑物、装置和设施。

军民合用机场是指既可军用又可民用的机场。

三、民航机场的等级

1. 根据机场所在城市性质、地位分类

根据机场所在城市性质、地位不同，民航机场可以分为Ⅰ类机场、Ⅱ类机场、Ⅲ类机场和Ⅳ类机场四个等级。

Ⅰ类机场是全国经济、政治、文化中心等大城市的机场，是全国航空运输网络和国际航线的枢纽。Ⅰ类机场一般运输业务繁忙，除承担直达客货运输外，还具有中转功能。

Ⅱ类机场也称干线机场，即省会、自治区首府、直辖市和重要经济特区、开放城市和旅游城市，或经济发达、人口密集城市的机场，是区域或省区内民航运输的枢纽，有

的也可开辟少量国际航线。

Ⅲ类机场也称次干线机场，即一般对外开放和旅游城市的机场，除区域和省区内支线外，可与少量跨省区中心城市建立航线。

Ⅳ类机场也称支线机场，即省、自治区内经济比较发达的中小城市和旅游城市，或经济欠发达、地面交通不便城市的机场，其航线主要是在本省区内或连接邻近省区。

2. 根据航站业务量分类

根据航站业务量不同，民航机场可以分为小型机场、中小型机场、中型机场、大型机场、特大型机场五个等级，具体见表2—1。

表2—1　　根据航站业务量划分机场等级

机场等级	年度旅客吞吐量 / 万人	年度货邮吞吐量 /kt
小型机场	＜10	＜2
中小型机场	10 ~ 50	2 ~ 12.5
中型机场	50 ~ 300	12.5 ~ 100
大型机场	300 ~ 1 000	100 ~ 500
特大型机场	⩾ 1 000	⩾ 500

3. 根据飞行区等级分类

机场等级也可按照飞行区的等级来进行划分，机场的飞行区等级不同，承载能力就不同，可起降的飞机机型也不一样。我国采用飞行区等级指标Ⅰ（数字代号）和等级指标Ⅱ（字母代号）的方式来表征和描述民航机场飞行区对飞机等航空器的接纳能力（见表2—2）。

飞行区等级指标Ⅰ：根据机场飞行区使用的最大飞机基准飞行场地长度，分为1、2、3、4四个等级。飞机基准飞行场地长度是指飞机以规定的最大起飞重量，在海平面高度、标准大气温度、无风和跑道纵坡为零条件下起飞所需的最小飞行场地长度。

飞行区等级指标Ⅱ：根据机场飞行区使用的最大飞机的翼展和主起落架外轮外侧间距，从小到大分为A、B、C、D、E、F六个等级。

表 2—2　　　　飞行区等级划分

飞行区等级指标 I		飞行区等级指标 II		
数学代码	飞机基准飞行场地长度 /m	字母代号	翼展 /m	主起落架外轮外侧间距 /m
1	< 800	A	< 15	< 4.5
2	800 ~ 1 200	B	15 ~ 24	4.5 ~ 6
3	1 200 ~ 1 800	C	24 ~ 36	6 ~ 9
4	≥1 800	D	36 ~ 52	9 ~ 14
		E	52 ~ 65	9 ~ 14
		F	65 ~ 80	14 ~ 16

由表 2—2 可知各级机场的具体设备情况如下：

4F 级机场：在标准条件下，可用跑道长度≥1 800 m，可用最大飞机翼展为 65 ~ 80 m，主起落架外轮外侧间距为 14 ~ 16 m。

4E 级机场：在标准条件下，可用跑道长度≥1 800 m，可用最大飞机翼展为 52 ~ 65 m，主起落架外轮外侧间距为 9 ~ 14 m。

4D 级机场：在标准条件下，可用跑道长度≥1 800 m，可用最大飞机翼展为 36 ~ 52 m，主起落架外轮外侧间距为 9 ~ 14 m。

3C 级机场：在标准条件下，可用跑道长度为 1 200 ~ 1 800 m，可用最大飞机翼展为 24 ~ 36 m，主起落架外轮外侧间距为 6 ~ 9 m。

国内主要机场飞行区等级见表 2—3。

表 2—3　　　　国内主要机场飞行区等级

飞行区等级	最大可起降飞机种类举例	国内该飞行区等级机场举例
4F	空中客车 A380 等四发远程宽体超大客机	北京首都国际机场、上海浦东国际机场、重庆江北国际机场、广州白云国际机场、昆明长水国际机场、成都双流国际机场、武汉天河国际机场、郑州新郑国际机场、天津滨海国际机场、杭州萧山国际机场、深圳宝安国际机场、西安咸阳国际机场、南京禄口国际机场、长沙黄花国际机场、桂林两江国际机场、香港国际机场、台湾桃园国际机场

续表

飞行区等级	最大可起降飞机种类举例	国内该飞行区等级机场举例
4E	波音 747、空中客车 A340 等四发远程宽体客机	上海虹桥国际机场、合肥新桥国际机场、珠海金湾国际机场、海口美兰国际机场、三亚凤凰国际机场、常州奔牛国际机场、兰州中川国际机场、厦门高崎国际机场、青岛流亭国际机场、烟台蓬莱国际机场、大连周水子国际机场、苏南硕放国际机场、徐州观音国际机场、澳门国际机场
4D	波音 767、空中客车 A300 等双发中程宽体客机	秦皇岛北戴河国际机场、西昌青山机场、揭阳潮汕国际机场、黄山屯溪国际机场、运城关公机场、铜仁凤凰机场、满洲里西郊国际机场、九寨黄龙机场、威海大水泊国际机场、连云港白塔埠机场、湛江机场、宜昌三峡机场、洛阳北郊机场、常德桃花源机场、张家界荷花国际机场
4C	波音 737、空中客车 A320 等双发中程窄体客机	阿克苏温宿机场、乌兰浩特机场、赤峰玉龙机场、锡林浩特机场、阿尔山伊尔施机场、盐城南洋机场、张家口宁远机场、赣州黄金机场、固原六盘山机场、延安二十里铺机场、长白山机场
3C	ERJ、ARJ、CRJ 等中短程支线客机	百色巴马机场、罗定机场、天水麦积山机场、乌海机场、阿勒泰机场、额济纳旗桃来机场

四、民航机场功能区的划分及其功能

民航机场的功能区主要包括飞行区、地面运输区和候机楼区三个部分。

1. 飞行区

飞行区又分为空中和地面两大部分。

（1）空中部分

空中部分是指机场的空域，包括进场和离场的航路，这个区域受机场塔台控制，是飞机进出机场的关键区域。

（2）地面部分

地面部分包括跑道、滑行道、停机坪，以及一些为维修和空中交通管制服务的设施和场地，如机库、塔台、救援中心等。

1）跑道。跑道是机场供飞机着陆和起飞用的一块长方形场地。跑道是机场的重要组成部分，在整个机场的平面布局中，跑道的位置和数量是起主导作用的，它不仅影响机场本身的平面布置，而且影响机场在城市中的位置选择。跑道的布置直接影响机场的用地规模、净空限制的范围、噪声影响的范围，也受到机型、风向和运量等因素的影响。

2）滑行道。滑行道是机场的重要地面设施，是机场内供飞机滑行的规定通道。滑行道的主要功能是提供从跑道到候机楼区的通道，使已着陆的飞机迅速离开跑道，不与准备起飞或正在滑行的飞机相干扰，并尽量避免延误随即到来的飞机着陆。此外，滑行道还提供了飞机由候机楼区进入跑道的通道。滑行道可将各个分区连接起来，使机场最大限度地发挥其容量潜力并提高运行效率。

3）停机坪。停机坪是机场为飞机上下旅客、装卸货物和邮件、加油、停放或维修而划定的一个区域。根据使用目的和功能不同，停机坪还可分为上下旅客停机坪、等待起飞机坪、等候机位机坪和维修机坪等。

上下旅客停机坪供旅客上下飞机、装卸货物等使用，是最主要的停机坪；等待起飞机坪设在跑道端部，常称为“试车坪”或“预热机坪”，供飞机在起飞前做最后的检查和等待放行使用，等待起飞机坪要足够大，以便如果有一架飞机由于故障不能起飞时，不致影响另一架需要起飞的飞机正常运行；等候机位机坪是在机场设置一个地点合适的相对小的机坪，用于临时停放飞机，当上下旅客停机坪的停机门位数不足时，空管部门就可以指挥飞机到等候机位机坪，等有了停机门位时再到上下旅客停机坪；维修机坪是供飞机维修使用的停机坪，应具备飞机维修所需要的水、电、气等设施。

2. 地面运输区

地面运输区是指车辆和旅客活动的区域，包括机场进入通道、机场停车场、内部道路和道路周边隶属机场管辖的区域。

（1）机场进入通道

机场是城市的交通中心之一，从城市进出机场的通道是城市规划的一个重要部分。大型城市为了保证机场交通的畅通，都修建了从市区到机场的专用高速公路或者高架桥，甚至还开通轻轨交通，以方便旅客出行。

（2）机场停车场、内部道路

机场还须建有能容纳接送旅客的私家车和出租车等车辆的停车场，以及供机场保障车辆、人员通行的相应内部通道。

3. 候机楼区

候机楼区又称航站楼区，它是地面交通和空中交通的接合部，是机场对旅客服务的中心地区，是机场的主要建筑物。候机楼区包含的各种设施可以完成连接地面交通、办理离港手续、连接飞行以及为旅客提供出行所需各种服务的功能。

（1）候机楼的分区

候机楼分为旅客服务区和管理服务区两大部分。旅客服务区包括值机柜台、安检及海关通道、登机前候机厅、迎送旅客活动大厅及公共服务设施等。管理服务区包括机场行政和后勤管理部门、政府机构办公区域及航空公司运营区域等。

（2）候机楼的基本构型

一般来说，候机楼主要包括以下 5 种基本构型。

1）线型。线型候机楼结构狭长（见图 2—3），它的一侧用于停靠飞机，另一侧作为进场道路和停车场。

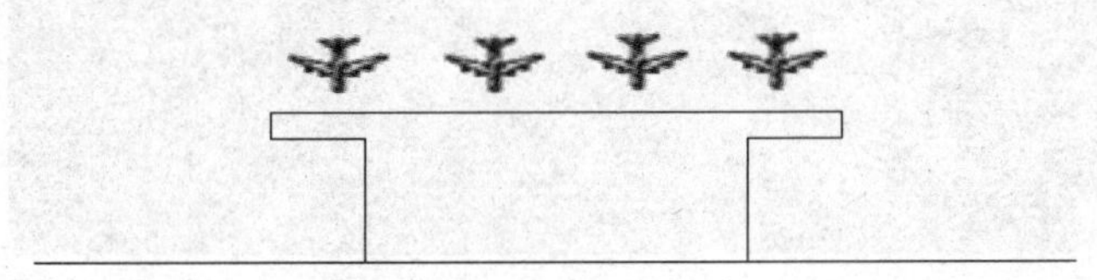

图 2—3 线型候机楼

优点：旅客步行距离较短，飞机移动线路简单。

缺点：只适用于中小规模的机场。

举例：苏南硕放国际机场（见图 2—4）。

图 2—4 苏南硕放国际机场

2）转运车型。转运车型候机楼是线型候机楼的扩展形式（见图 2—5），除了一侧摆放飞机之外，还多了远机位设置，多配合摆渡车使用。

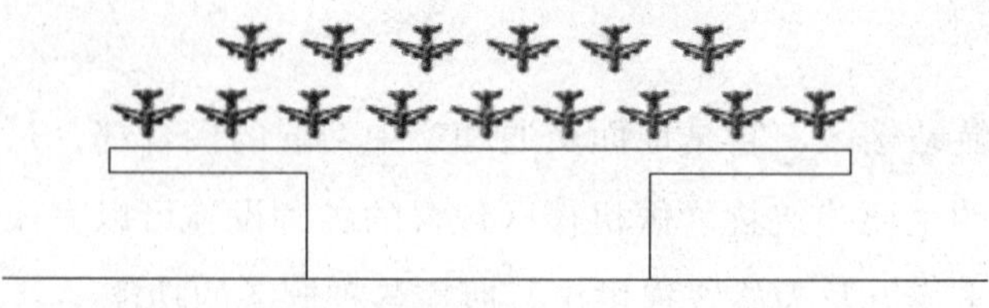

图2—5 转运车型候机楼

优点：缩短了旅客步行距离，节省了建造过长指廊的费用。

缺点：需要使用摆渡车，一定程度上增加了登机时间。

举例：桂林两江国际机场（见图2—6）。

图2—6 桂林两江国际机场

3）指廊型。指廊型是一种候机楼主体向外延伸的构型（见图2—7）。

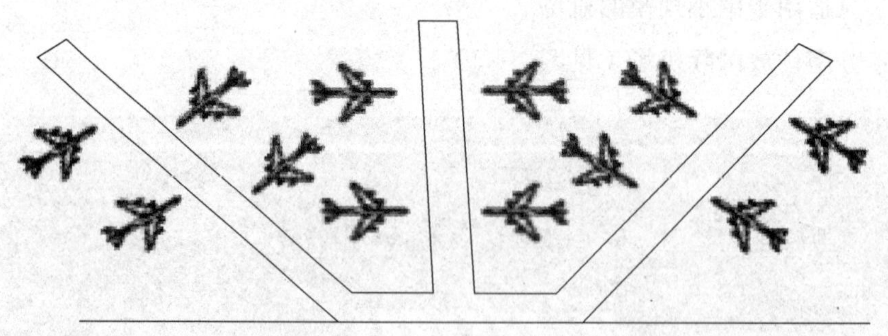

图2—7 指廊型候机楼

优点：节省候机楼空间。

缺点：旅客登机步行距离较长。

举例：深圳宝安国际机场（见图2—8）。

图 2—8　深圳宝安国际机场

4）卫星型。卫星型是指廊型的扩展形式，它减少了分布于指廊两侧的机位，而把机位多集中到指廊末端（见图 2—9）。

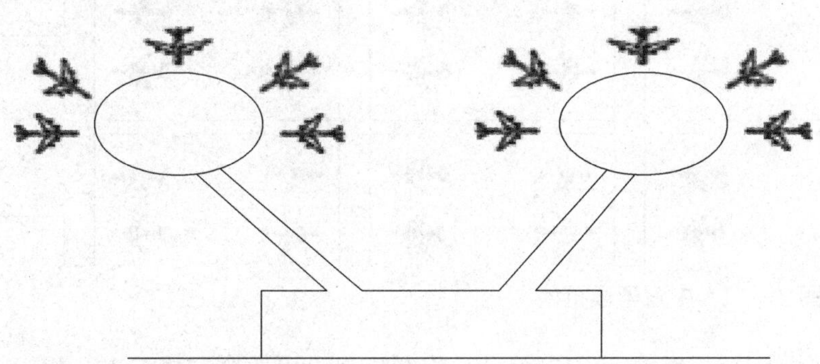

图 2—9　卫星型候机楼

优点：克服了指廊型候机楼旅客步行距离较长的缺点，能多设固定登机口；一般采用地下联通的方式将卫星楼与主楼连接，能使飞机沿卫星楼周围自由调度。

缺点：设计之前必须对飞机的移动线路和设施的增加做充分考虑；必须与成本高昂的旅客捷运系统配合使用，所以这种候机楼更适合大规模的机场。

举例：上海浦东国际机场（见图 2—10）。

5）中置型。中置型候机楼与线型候机楼的最大区别是航站楼两侧都能摆放飞机。一般来说，中置型候机楼位于两条滑行道之间，也有位于跑道边缘的，常须配合旅客捷运系统使用（见图 2—11）。

优点：多设在平行滑行道旁，飞机可以在其机位和滑行道之间穿过，因而可以减少飞机的转弯和延误。

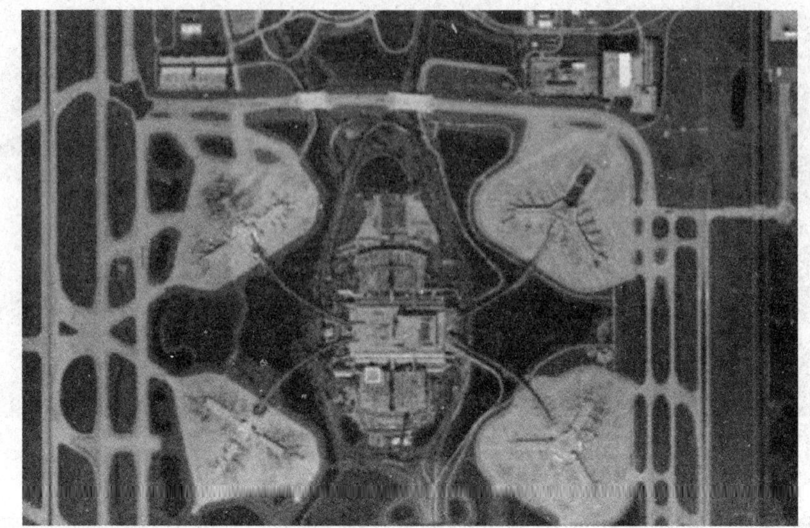
图 2—10　上海浦东国际机场

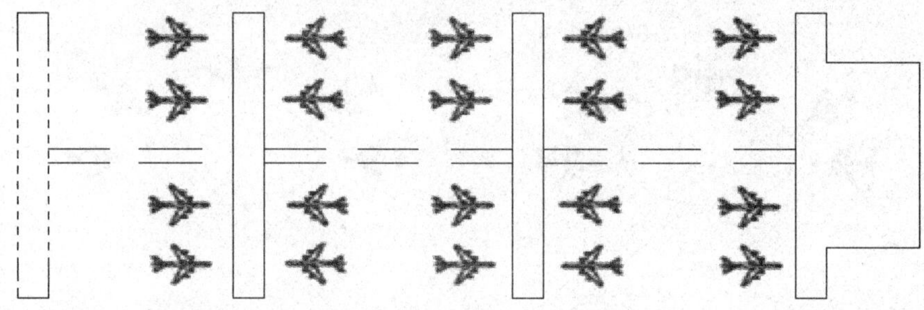
图 2—11　中置型候机楼

缺点：需要配合旅客捷运系统使用，成本较高，更适合登机口多、规模大的机场。

举例：武汉天河国际机场（见图 2—12）。

图 2—12　武汉天河国际机场

第三节　民 航 企 业

民航企业是指从事和民用航空业有关的各类企业，其中最主要的是航空运输企业，即航空公司，它们是民用航空业生产收入的主要来源。其他类型的航空企业都是围绕着航空运输企业开展活动的。

一、航空公司

航空公司是指以飞机为运输工具，以空中运输的方式运载人员或货物，为旅客和货物提供民用航空服务的企业。航空公司使用的飞机可以是自己拥有的，也可以是租赁的，可以独立提供服务，也可以与其他航空公司组成联盟来提供服务。航空公司的服务范围可以分为洲际、洲内、国内，也可以分为航班服务和包机服务。

1. 航空公司的组织结构

航空公司的组织结构主要有行政管理部门、航务管理部门、机务维修部门和运输营销部门四大部分。

（1）行政管理部门

行政管理部门是航空公司的核心管理部门，负责整个航空公司的管理和运行，主要包括财务管理、人事管理、计划管理、公共关系管理、信息服务、法律和航卫七个部门。

（2）航务管理部门

航务管理部门负责处理航空公司有关飞行和空中服务的事务，主要职责包括：针对航空公司使用的机型和现有飞行人员的状况进行科学有效的日常管理，制订符合航空公司正常运营要求的飞行人员工作计划，对乘务人员进行日常管理并根据不同机型对乘务人员的配备要求进行安排，负责飞行安全的检查、保障导航设备的完好和无线电通信的畅通等。

（3）机务维修部门

机务维修部门的主要职责是负责保持航空公司的飞机处于“适航”和“完好”状态并保证飞机能够安全运行。“适航”意味着飞机符合中国民用航空局有关适航的标准和规定，同时负责飞机的维护、排故、航线维护支持等，“完好”表示飞机保持美观和舒适的内外形象和装饰。

（4）运输营销部门

运输营销部门管理着航空公司整个运输的销售、集散和服务环节，航空公司的收入主要依靠这些环节来完成。

2. 国内三大航空公司介绍

（1）中国国际航空股份有限公司

中国国际航空股份有限公司（Air China）简称国航，于1988年在北京正式成立（标志见图2—13），是中国航空集团公司控股的航空运输主业公司，与中国东方航空股份有限公司和中国南方航空股份有限公司合称中国三大航空公司。国航是中国目前资产最多、运输量最大的航空运输企业。2018年5月，国航在"世界十大最安全航空公司"中名列第五位，在"世界十大综合竞争力航空公司"排行榜上名列第四位。

（2）中国南方航空股份有限公司

中国南方航空公司（China Southern Airlines）简称南航，总部设在广州，成立于1995年，以蓝色垂直尾翼镶红色木棉花为公司标志（见图2—14）。南航是中国航班最多、航线网络最密集的民用航空公司。

图2—13 国航标志

图2—14 南航标志

（3）中国东方航空股份有限公司

中国东方航空股份有限公司（China Eastern Airlines）简称东航，是一家总部位于上海的国有控股航空公司（标志见图2—15），在原中国东方航空集团公司的基础上，兼并中国西北航空公司，联合中国云南航空公司重组而成，是中国民航第一家在香港、纽约和上海三地上市的航空公司。目前，东航运营的逾600架客

图2—15 东航标志

货运飞机组成的现代化机队，主力机型平均机龄不到 5.5 年，是全球规模航企中最年轻的机队之一。作为天合联盟成员，东航年旅客运输量超过 1 亿人次，位列全球第七。

二、航空运输服务保障企业

1. 中国航空油料集团有限公司

中国航空油料集团有限公司简称中国航油，成立于 2002 年 10 月 11 日（标志见图 2—16），是以原中国航空油料总公司为基础组建的国有大型航空运输服务保障企业，也是国内最大的集航空油品采购、运输、储存、检测、销售、加注为一体的航油供应商。

图 2—16　中国航油标志

2. 中国航空器材集团有限公司

中国航空器材集团有限公司简称中国航材，是国务院国有资产监督管理委员会管理的中央企业（标志见图 2—17），专门从事飞机采购及航空器材保障业务。

图 2—17　中国航材标志

3. 中国民航信息集团有限公司

中国民航信息集团有限公司简称中国航信（标志见图 2—18），正式组建于 2002 年 10 月，是专业从事航空运输旅游信息服务的大型国有独资高科技企业，隶属于国务院国有资产监督管理委员会，其前身为中国民航计算机信息中心，至今已有 30 余年的发展历史。

图 2—18　中国航信标志

思考与练习

1. 民航系统由哪几部分组成？
2. 中国民用航空局的主要职责有哪些？
3. 中国民航机场的等级划分规则是怎样的？
4. 民航机场有哪些主要的功能区？请简述其功能。
5. 我国航空运输服务保障企业主要有哪些？

第三章 飞机结构及飞行原理

学习目标

☞ 了解飞机与航空器的关系

☞ 了解飞机的外部结构和内部结构

☞ 了解飞机的飞行原理和基本控制

飞机与航空器之间的关系是民航专业学生及相关从业人员必须掌握的基础知识。简单来说，飞机是航空器，但航空器不仅限于飞机，还包括人造的各种能在空气中飞翔的飞行物体，如风筝、气球、飞艇、直升机、滑翔机等。飞机由于其各方面性能卓越、技术发展成熟，使用数量占各类航空器总数的98%以上，成为航空器中当仁不让的主角。

第一节 飞机与航空器

航空器是飞行器中的一个大类，是指通过机身与空气的相对运动而获得空气动力或者纯靠空气静浮力升空飞行的任何机器。

一、航空器的分类

任何航空器都需要产生升力、克服自身重力才能升空飞行。按照产生升力的基本原理不同，可将航空器分为两大类（见图3—1），即靠空气静浮力升空飞行的航空器（习惯上称为轻于空气的航空器）和靠航空器与空气相对运动产生空气动力升空飞行的航空器（习惯上称为重于空气的航空器）。

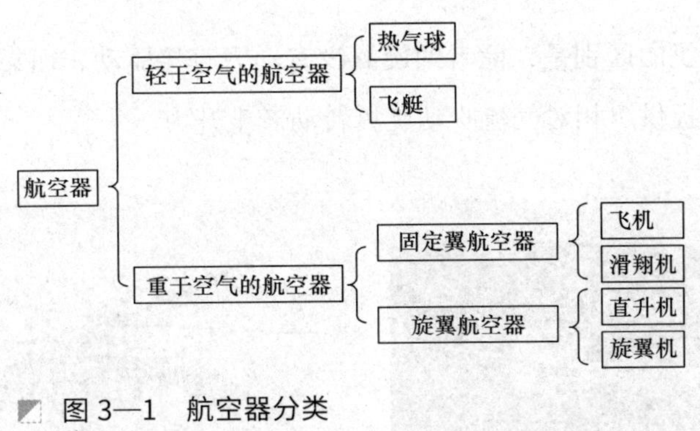

图3—1 航空器分类

1. 轻于空气的航空器

轻于空气的航空器包括热气球（见图3—2）和飞艇（见图3—3）等，它们的主体是一个气囊，其中充以密度小于外界空气密度的气体（如热空气、氢气或氦气）。热气球没有动力装置，升空后只能随风飘动或被系留在固定位置上。飞艇则装有发动机、螺旋桨、安定面、操纵面以及装载人或物的吊舱，飞行路线可以控制。

图 3—2 热气球

图 3—3 飞艇

2. 重于空气的航空器

重于空气的航空器是靠自身与空气相对运动产生的升力而升空飞行的。这种航空器主要有固定翼航空器和旋翼航空器两类。前者包括飞机和滑翔机（见图 3—4），后者包括直升机（见图 3—5）和旋翼机。

滑翔机在飞行原理与构造上与飞机基本相同，只是它没有动力装置和推进装置，一般由弹射或拖曳升空，然后靠有利的气流（如上升气流）或降低高度（位能转变为动能）继续飞行。

旋翼机与直升机的区别是，前者的旋翼没有动力直接驱动，而靠自身前进时（前进的动力由动力装置提供）相对气流吹动旋翼转动产生升力。

图 3—4 滑翔机

图 3—5 直升机

二、飞机的分类

1. 按照飞机用途分类

按照用途不同，飞机可以分为军用飞机和民用飞机两类。军用飞机依据不同的用途又可分为战斗机、轰炸机、攻击机、舰载飞机、军用运输机、教练机、侦察机、预警机等。

2. 按发动机类型分类

按照发动机类型不同，飞机可以分为螺旋桨式飞机和喷气式飞机两类。螺旋桨式飞机利用螺旋桨的转动将空气向后推动，借其反作用力推动飞机前进。喷气式飞机利用空气与燃料混合燃烧后产生大量气体推动涡轮运转，然后以高速度将气体排出体外，借其反作用力使飞机前进。喷气式飞机包括涡轮喷气式飞机、涡轮风扇喷气式飞机和涡轮螺旋桨式飞机三种。

3. 按发动机数量分类

按照发动机数量不同，飞机可以分为单发飞机、双发飞机、三发飞机、四发飞机等。

4. 按飞行速度分类

按照飞行速度不同，飞机可以分为亚音速飞机、跨音速飞机和超音速飞机三类。亚音速飞机的飞行速度为 0.8 ~ 0.9 马赫，跨音速飞机的飞行速度为 0.9 ~ 1.2 马赫，超音速飞机的飞行速度为 1.2 ~ 5 马赫。

5. 按航程远近分类

按照航程远近不同，飞机可以分为远程飞机、中程飞机和近程飞机三类。远程飞机的航程为 4 800 千米以上，可以完成中途不着陆的洲际跨洋飞行，中程飞机的航程为 2 400 ~ 4 800 千米，近程飞机的航程一般在 2 400 千米以下。近程飞机一般用于支线，因此又称支线飞机。中、远程飞机一般用于国内干线和国际航线，因此又称干线飞机。

6. 按飞机座位数量分类

按照座位数量不同，飞机可以分为 100 座以下的小型飞机、100 ~ 200 座的中型飞机和 200 座以上的大型飞机三类。

第二节 飞机结构

一、飞机的外部结构

飞机种类繁多、结构复杂。一般来说，飞机的外部结构主要分为机身、机翼、尾翼、动力装置和起落架五个部分（见图 3—6）。

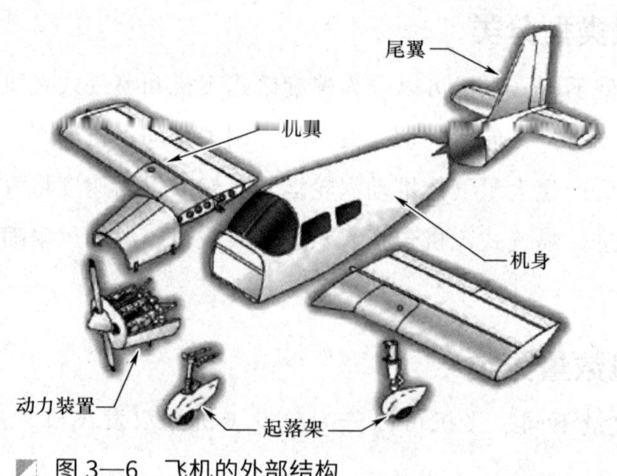

图 3—6 飞机的外部结构

1. 机身

机身主要用来装载人员、货物、燃油、武器和机载设备，并通过它将机翼、尾翼、起落架等部件连成一个整体。机身主要包括机头、前机身、中部机身和尾部机身。机头装置着驾驶舱，用来控制飞机；前机身、中部机身是客舱或货舱，用来装载旅客、货物、燃油和设备；尾部机身和尾翼相连，同时安装有辅助动力装置。机身的主要结构如图 3—7 所示。

2. 机翼

机翼是飞机的重要部件之一，安装在机身上，用于产生升力，也起到一定的稳定和操纵作用。机翼的一些部位（主要是前缘和后缘）可以活动，飞行员操纵这些部位控制机翼升力或阻力的分布，以达到增加升力或改变飞机姿态的目的。

（1）机翼上的操纵面

为了改善或控制飞机的气动性能，飞机机翼上通常装有多种装置，包括襟翼、副翼、前缘缝翼和扰流板等（见图 3—8）。

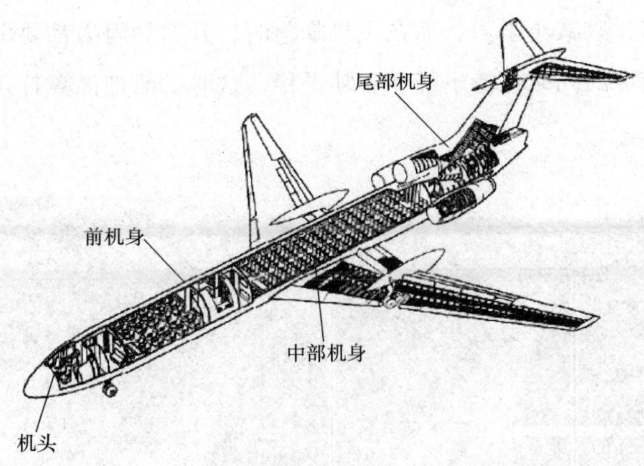

图 3—7　机身的主要结构

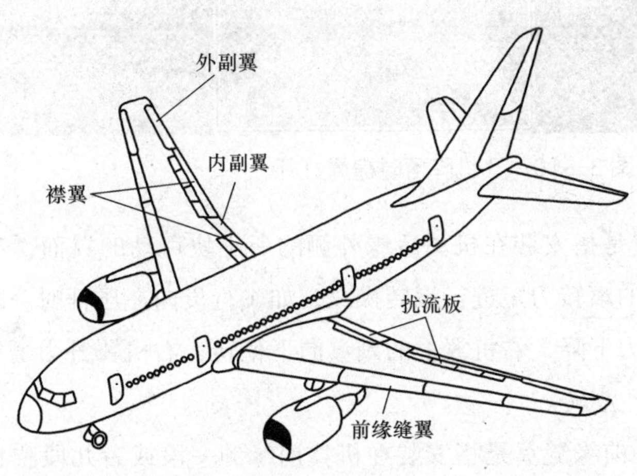

图 3—8　机翼上的操纵面

1）襟翼。襟翼是为了使飞机在起飞和降落时因速度太慢而又要保持高升力从而在机翼上增加的活动面。襟翼安装在机翼后缘、副翼内侧，它可以绕轴向后下方转动一定角度，从而增大机翼的弯度，提高机翼的升力；有的襟翼向下弯曲后还可向后方伸出一段距离，这样既增大了机翼的弯度，又增加了机翼面积，使得机翼升力增加。襟翼的形式多种多样（见图 3—9），飞机起飞和降落时都要打开襟翼。飞机起飞时要增加升力，同时又要避免增加太大的阻力，因此襟翼通常打开到中小位置状态，当飞机在空中的速度提高到一定程

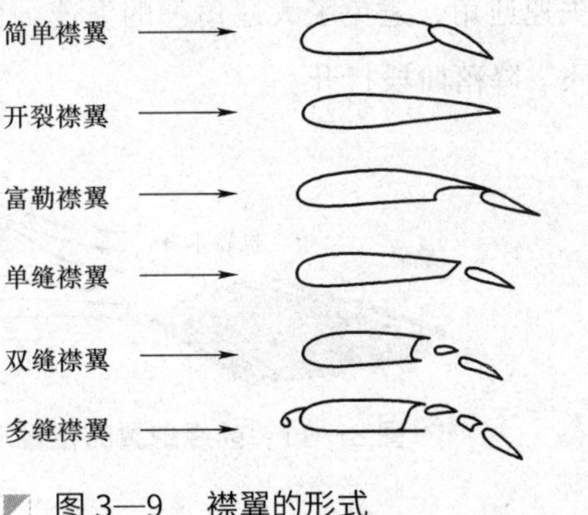

图 3—9　襟翼的形式

度时则要收起襟翼，以减小阻力；而在飞机降落时，升力和阻力都要求尽量大，以便飞机能在迅速降低速度的同时保持下降和着陆平稳，这时一般把襟翼打开到最大位置状态（见图 3—10）。

图 3—10 飞机降落时襟翼打开

2）副翼。副翼是指安装在机翼后缘外侧的一小块可动的翼面，飞行员利用左右副翼差动偏转所产生的滚转力矩进行滚转操纵，如飞行员向左压杆时，左机翼上的副翼向上偏转，左机翼升力下降，右机翼上的副翼向下偏转，右机翼升力增加，在两个机翼升力差作用下飞机向左滚转。

3）前缘缝翼。前缘缝翼是指安装在机翼前缘的一段或者几段狭长小翼，是一种提高飞机临界迎角的增升装置（见图 3—11）。当前缘缝翼打开时，它与基本机翼前缘表面形成一道缝隙，下翼面压强较高的气流通过这道缝隙得到加速而流向上翼面，增大了上翼面附面（边界）层中气流的附着能量，降低了机翼上下的压强差，增大了飞机的临界失速迎角，避免了大迎角下的失速，使得最大升力系数提高。前缘缝翼一般在飞机的起飞、降落阶段打开。

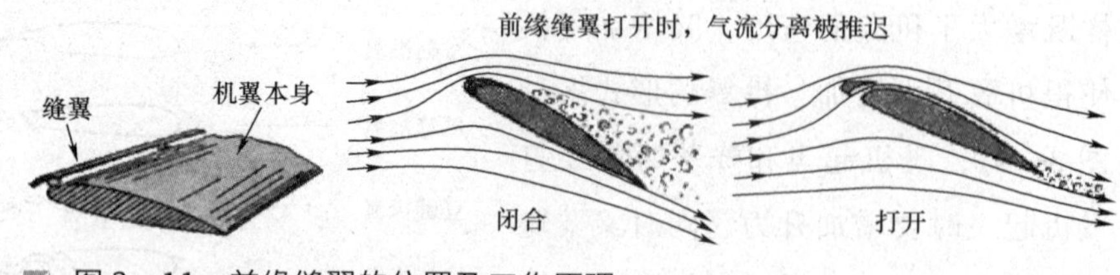

图 3—11 前缘缝翼的位置及工作原理

4）扰流板。扰流板是铰接在两侧机翼上表面的板，属于增阻装置（见图 3—12），它只能向上打开。当扰流板打开时，机翼阻力增加，同时升力减少，使飞机能迅速降低飞行速度，以空气动力制动飞机。

图 3—12　打开的扰流板

(2) 机翼的布局

根据机翼在机身上安装的位置不同，可将它们分为上单翼、中单翼和下单翼三种布局形式（见图 3—13）。

1）上单翼布局是指把机翼装在机身上方。这种布局形式能使旅客视野不受机翼阻挡，且机身距离地面近，便于货物装运，但由于飞机的发动机装在机翼上，距离地面较高，会给飞机维修带来一定不便。

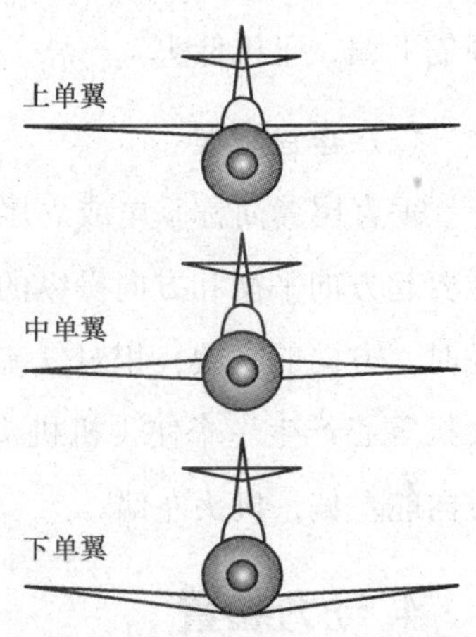

图 3—13　机翼的三种布局

2）中单翼布局是指将机翼安装在机身中部。这种布局形式使飞机受到的飞行阻力较小，但由于它的翼梁要从机身中间穿过，客舱会被一分为二，使得客舱空间受到严重影响，所以民航飞机基本不采用这种形式，通常用于战斗机。

3）下单翼布局是指将机翼安装在机身下部。这种布局形式的优点是飞机起落架容易安排，维修发动机等设备时较方便，这些优点抵消了旅客视野不佳等缺点。目前民航飞机几乎都采用下单翼布局形式，如波音系列飞机及空中客车系列飞机等。

3. 尾翼

尾翼是指安装在飞机后部起稳定和操纵作用的装置。尾翼一般分为水平尾翼（见图 3—14）和垂直尾翼两种（见图 3—15）。

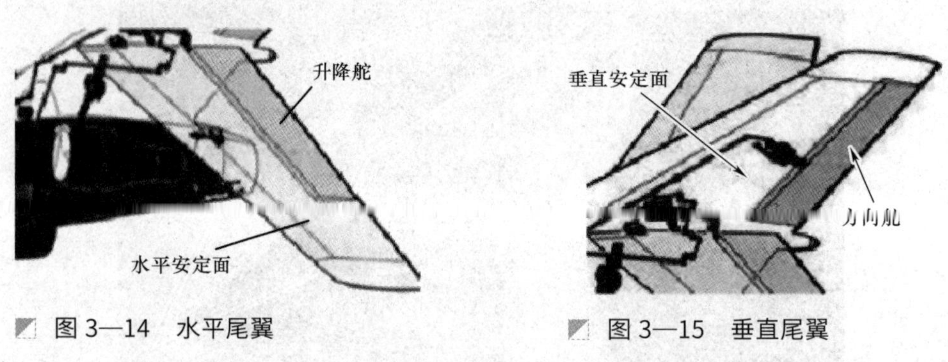

图 3—14 水平尾翼

图 3—15 垂直尾翼

（1）水平尾翼

水平尾翼简称平尾，由固定的水平安定面和可动的升降舵组成，它在飞机上主要起俯仰平衡和俯仰操纵的作用。飞行员利用升降舵进行俯仰操纵，即当飞行员拉杆时，升降舵上偏，相对气流吹向水平尾翼，水平尾翼产生附加的负升力（向下的升力），此升力对飞机重心产生一个使机头上仰的力矩，从而使飞机抬头。同样，飞行员推杆时，升降舵下偏，飞机低头。

（2）垂直尾翼

垂直尾翼简称垂尾或立尾，由固定的垂直安定面和可动的方向舵组成，它在飞机上主要起方向平衡和方向操纵的作用。飞行员利用方向舵进行方向操纵，即当飞行员右蹬舵时，方向舵右偏，相对气流吹在垂尾上，使垂尾产生一个向左的侧力，此侧力相对于飞机重心产生一个使飞机机头右偏的力矩，从而使机头右偏；同样，飞行员蹬左舵时，方向舵左偏，机头左偏。

4. 动力装置

动力装置是指为飞机飞行提供动力的整个系统，是飞机的核心部分，主要包括发动机、辅助动力装置及其他附件，其中最主要的部件是发动机。发动机的主要作用是提供推力或拉力。

5. 起落架

起落架是指飞机在地面停放、滑行、起飞、着陆、滑跑时用于支撑飞机重力、承受相应载荷的装置，主要由刹车装置、减震装置、收放装置和前轮转弯机构等组成（见图 3—16）。起落架的主要作用有以下三点：

（1）承受飞机在地面停放、滑行、起飞、着陆、滑跑时的重力。

（2）承受、消耗和吸收飞机在着陆与地面运动时的撞击和颠簸能量。

（3）滑跑与滑行时操纵飞机。

图 3—16 飞机的起落架

二、飞机的内部结构

飞机的内部结构主要包括驾驶舱、客舱、货舱、燃料舱等，它们承载着飞机的飞行驾驶、动力驱动、搭载旅客、维持长时间飞行等功能。下面以空中客车 A380 飞机为例，简要了解民航飞机的内部结构。

1. 驾驶舱

空中客车 A380 飞机的驾驶舱位于机身最前方（见图 3—17），采用双人体制，应用新式的交互式显示屏和由以太网连接的扩展性集成航空电子模块。

驾驶舱有8个液晶显示器(见图3—18)，包括2个主要飞行显示器、2个导航显示器、1个发动机参数显示器、1个系统显示器和2个多功能显示器，这2个多功能显示器为飞行管理系统提供操作界面。飞行过程中，大到起飞和降落，小至对客舱温度的调节均可由飞行员在驾驶舱内完成。

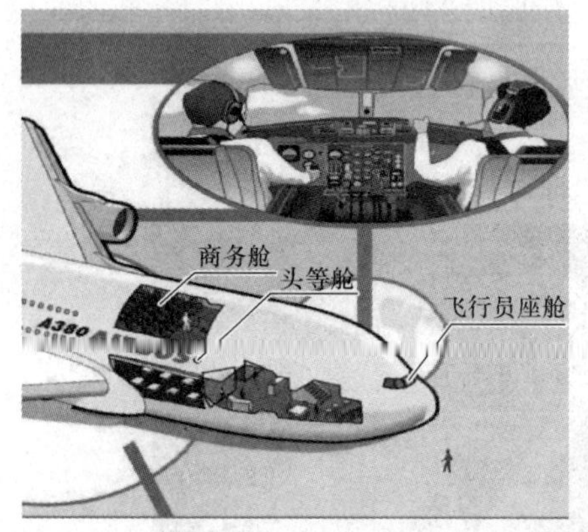

图3—17　空中客车A380飞机驾驶舱

图3—18　空中客车A380驾驶舱液晶显示器

2. 客舱

飞机的客舱可以根据实际需求进行相应改装，以适应航空公司的需求。典型的空中客车A380飞机客舱采用头等舱、商务舱、经济舱的三段式布局，可以容纳约555名旅客，若全部采用经济舱，则容纳的旅客数量能提高到840名（见图3—19）。

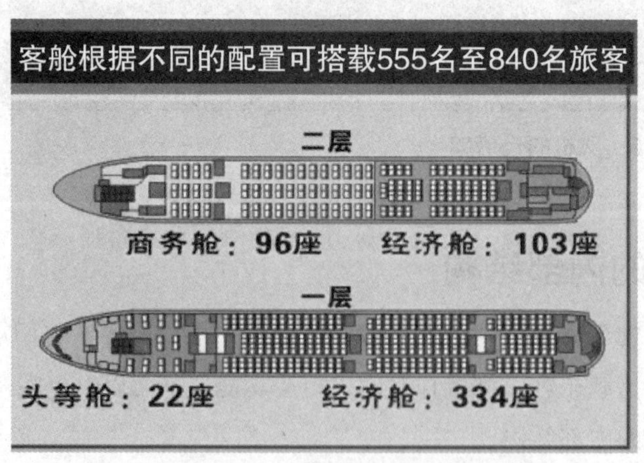

图3—19　空中客车A380客舱布局平面示意图

客舱内除了公共区的6条照明灯带外（见图3—20），每个座位的上方还配有独立可调节的灯光系统（见图3—21）。

图 3—20　空中客车 A380 飞机公共区照明灯带

图 3—21　空中客车 A380 飞机座位头顶区域灯光系统

若发生特殊情况，旅客可根据由应急电源独立供电的灯光系统（见图 3—22）和地板上的夜光灯带（见图 3—23），在机组人员的指引下，从两侧应急出口完成撤离。

3. 货舱

空中客车 A380 飞机的货舱全部设计在机身底部，由数个独立空间构成。货舱配有独立的空气系统，能提供新鲜的氧气，方便运输活物，且都配有独立的防火系统和灭火系统，以发生防止意外火情。

图3—22 应急灯光系统

图3—23 夜光灯带

4. 燃料舱

空中客车A380飞机的燃料舱（即油箱）设置与其他空中客车飞机类似，主油箱设置在机翼内，机身上设置有副油箱（见图3—24），其最大载油量约为250吨，续航约12 000千米。

图3—24 空中客车A380飞机油箱位置图

5. 其他

除上述主要结构外，空中客车A380飞机上还设有独立的饮用水舱和污水舱，以及存放各类电子计算机的电子舱等。

第三节 飞机飞行原理

一、飞机升力的产生

飞机的升力主要由机翼和空气的相对运动而产生。流过上表面和下表面的气流在机翼前缘分离后，将在相同的时间到达机翼后缘并会合。由于机翼的上表面弯曲弧度较大，下表面较为平坦，再加上一定的迎角，因此在机翼与空气相对运动时，流过上表面的空气在同时间内走过的路程比流过下表面的空气走过的路程远，所以上表面空气的相对速度比下表面空气的相对速度快，这样，在机翼的上、下表面产生了压力差，该压力差在垂直于相对气流方向的分量就产生了向上的升力（见图3—25）。

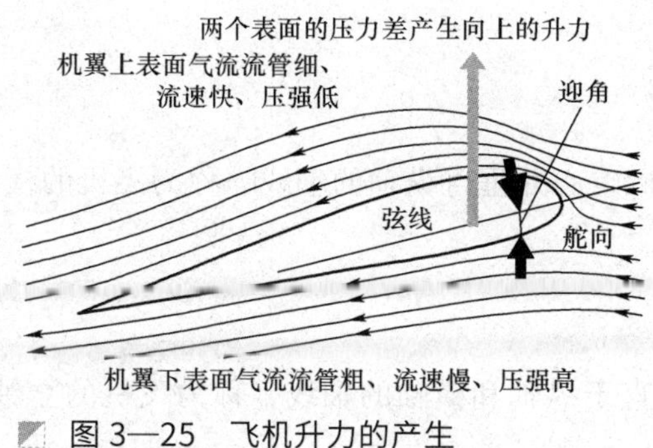

图 3—25　飞机升力的产生

二、飞机的飞行控制

1. 飞机的重心

飞机各部分重力的合力作用点称为飞机重心，重力作用力点所在的位置称为重心位置。飞机的重心具有以下特性：

（1）飞机飞行中，重心位置不随飞机姿态改变而改变。

（2）飞机在空中的一切运动，无论怎样错综复杂，总可以分解为飞机各部分随飞机重心的移动和飞机各部分绕着飞机重心的转动。

2. 飞机的机体轴

通过飞机重心的 3 条互相垂直的、以机体为基准的坐标轴，称为飞机的机体轴（见图 3—26），分别为纵轴、横轴和立轴。

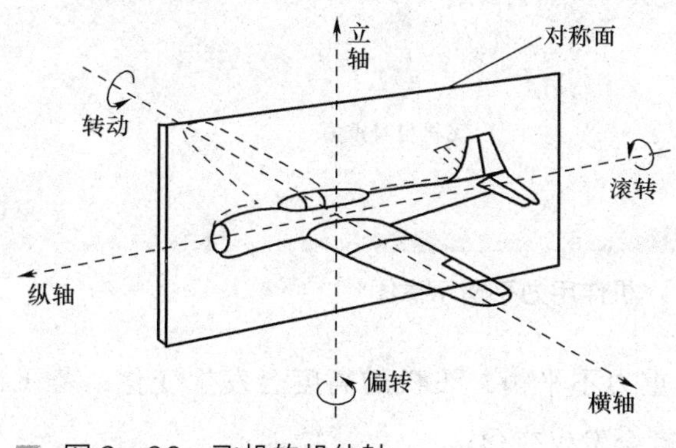

图 3—26　飞机的机体轴

（1）纵轴

沿机身轴线通过飞机重心的轴线，称为飞机的纵轴。飞机绕纵轴的转动称为飞机的滚转运动。

(2) 横轴

沿机翼尾向通过飞机重心并垂直纵轴的轴线，称为飞机的横轴。飞机绕横轴的转动称为俯仰运动。

(3) 立轴

通过飞机重心并垂直于纵轴和横轴的轴线，称为飞机的立轴。飞机绕立轴的转动，称为偏航运动。

3. 飞机的平衡

飞机处于平衡状态时，飞行速度和方向都保持不变，也不绕重心转动。飞机的平衡包括作用力平衡和力矩平衡两种。

(1) 作用力平衡

作用力平衡包括升力和重力平衡、阻力和推力平衡（见图 3—27）。

图 3—27　飞机作用力平衡示意图

若飞机的升力、重力不平衡，飞机的高度会发生变化；若飞机的阻力、推力不平衡，则飞机的飞行速度会发生变化。

(2) 力矩平衡

力矩平衡是指作用于飞机的各力矩之和为零。力矩平衡包括俯仰力矩平衡、偏航力矩平衡和滚转力矩平衡。

1）俯仰力矩平衡是指作用于飞机的各俯仰力矩之和为零。飞机获得俯仰平衡后，迎角不改变，不绕横轴转动。

2）偏航力矩平衡是指作用于飞机的左偏转力矩和右偏转力矩彼此相等，飞机不绕立轴转动。

3）滚转力矩平衡是指作用于飞机的左滚力矩和右滚力矩彼此相等，飞机不绕纵轴滚转。

4. 飞行控制

(1) 起飞

飞行员在得到塔台的起飞许可后，前推油门杆，使飞机在地面上加速滑跑。当飞机的滑跑速度达到抬前轮速度时，飞行员向后拉驾驶杆，使飞机绕横轴转动，前轮随机头抬起脱离地面，飞机将保持以两个主轮接地的姿态继续向前滑跑，随即离地、爬升（见图 3—28）。

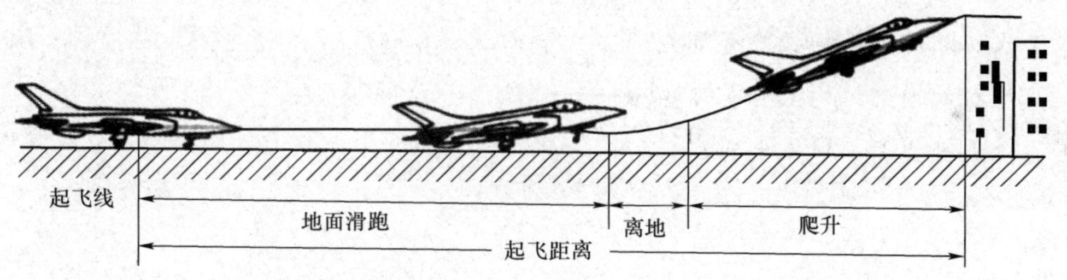

图 3—28　飞机起飞过程示意图

(2) 巡航

巡航阶段是指飞机完成起飞阶段进入预定航线后的飞行阶段。民航飞机的巡航高度大致在海拔 9 000 ~ 12 000 米，在这个高度，空气相对稀薄，飞行阻力小，燃油经济性好，而且此高度上下对流的气流少，飞机能保持长时间的平稳飞行。

(3) 着陆

着陆是飞机高度不断降低、速度不断减慢的过程。当飞机接近地面时，飞行员必须在一定高度逐渐后拉驾驶杆，随着速度的减慢逐渐增大迎角，使飞机姿态转入着陆姿态（见图 3—29）。着陆时飞机以两主轮自然接地，随后前轮再接地，飞行员使用刹车或发动机反推力减速，直至飞机停止，着陆完成。

图3—29 飞机着陆姿态

思考与练习

1. 按飞行速度不同，飞机大致可以分为哪几类？
2. 飞机的外部结构主要有哪些？
3. 飞机的内部结构主要有哪些？
4. 飞机升力是如何产生的？

第四章 空中交通管理

学习目标

- ☞ 了解空中交通管理的发展历程
- ☞ 了解空中交通管理的重要意义
- ☞ 了解空中交通管理的主要任务
- ☞ 了解空中交通管制不同阶段的服务内容

20 世纪 20 年代初，由于航空运输业的蓬勃发展，空中交通呈现出繁忙、无序的状态，因此出现了“空中交通管理”的概念。空中交通管理是飞机安全飞行的重要保障，是国家实现民航高效运输、捍卫领空权益的核心内容。

第一节　空中交通管理概述

一、空中交通管理的发展

在航空活动的初期，由于飞机数量很少，并没有空中交通管理的概念，但随着商业飞行的开始，航空运输涉及的范围和人员越来越多，为保障飞行的安全和有序，就需要制定规则来管理和控制飞行活动，于是空中交通管理部门应运而生。随后，空中交通管理的发展在大致经历了以下四个阶段后逐步趋于成熟和完善。

1. 第一阶段：目视飞行规则

第一阶段是在 20 世纪 30 年代以前。当时飞机的飞行距离最多只有几百千米，只能按照目测飞行条件（见图 4—1）的原则制定目视飞行规则。后来随着飞机性能的提高、无线电通信设备的应用和地面导航设备的安装，飞行员可以和地面用红旗、绿旗的管理人员（后称为空中交通管制员）一起配合来控制飞机的起飞和降落，确保空中交通安全、有序地进行。后期受到天气和夜间视线不佳的影响，很快旗子被信号灯所替代，机场的最高位置也陆续建立了塔台。

2. 第二阶段：以程序管制为核心的空中交通管制

第二阶段是 1934—1945 年。这一阶段大部分飞机都装备了无线电通信和机上导航设备，使飞行员在不用看到地面的情况下就可以确定飞行姿态。在这种情况下，目视飞行规则已经不能满足大流量和环境的需求，因而各航空发达国家都陆续建立了专门的空中交通主管机构，并制定了仪表飞行规则，即根据飞行员的位置报告及

图4—1　目视飞行条件

周边情况报告填写飞行进程单，据此确定飞机间的位置关系，从而发布指令、实施管理，这种管制方法称为程序管制。与此同时，各国的航空当局都建立了相应的规定，并建立起全国规模的航路网和相对应的航站、管制塔台、航路管制中心等。

3. 第三阶段：雷达管制、仪表着陆系统的使用

第三阶段是1945年至20世纪80年代。第二次世界大战带来了航空技术的飞跃进步，飞机的航程延伸，载量和速度都大幅度提高，迫切需要一个组织能把全世界的航空运行规则统一在一个标准之下。20世纪50年代中期，有些航空发达国家开始把雷达技术应用在空中交通管理领域，这有力地促使雷达管制取代了传统的程序管制。同一时间，仪表着陆系统的出现，使得飞机能在无线电信号的引导下在能见度很低的情况下着陆，这有力地保证了航班的准点率、提高了飞行的安全性，同时也使民航运输进一步摆脱了天气的影响。

4. 第四阶段：空中交通管理取代空中交通管制

第四阶段是从20世纪80年代开始到现在。因为互联网的迅速发展，电子技术和计算机在飞机装备和机场地面设施上的广泛应用，卫星通信和定位系统技术的成熟，使得飞行员、管制员和各种保障单位、决策机构可以实时掌握飞机的准确位置并进行通信，从而可以在大范围内使空中交通按照总体的调度和安排顺利进行，这就是空中交通管理的综合概念。随后，空中交通管理逐步取代了传统的空中交通管制，并随着民用航空业的发展而不断完善。

二、空中交通管理的概念和任务

1. 空中交通管理的概念

空中交通管理是为了有效地维护和促进空中交通安全，维护空中交通秩序，保障空中交通畅通，利用通信、导航、监视、航空情报和气象服务等运行保障系统对空中交通的航路、航线和机场区域进行的动态、一体化的管理总和。

2. 空中交通管理的任务

空中交通管理从时间和空间的分配上可以分为三大部分，分别是空中交通服务、空域管理和空中流量管理。三者各尽其责，高效、有序地维护了空中交通秩序，保障了空中交通的畅通与安全。

(1) 空中交通服务的任务

空中交通服务是空中交通管理的主要部分，包括空中交通管制、飞行情报服务和告警服务。

空中交通管制的任务是防止飞机与飞机、飞机与周边障碍物相撞，以及有效地维护和加速空中交通有秩序地流动；飞行情报服务的任务是向飞行中的飞机提供有益于安全、能有效地实施飞行的建议和情报；告警服务的任务是向有关机构组织发出需要搜救、紧急救援飞机的通知，并根据需要协助该组织或协调该项目工作的进行。其中，空中交通管制是空中交通管理的核心内容，在本章第二节将详细介绍。

(2) 空域管理的任务

空域管理的任务是在给定的空域结构内，通过“时效性”，根据不同空域使用者的需求将空域划分，合理利用空域资源，维护领土主权，保障飞行活动的顺利进行。

(3) 空中流量管理的任务

空中流量管理的任务是在空中交通管制的最大容量期间内，保障空中交通安全、有序地流向和通过该区域，为飞机运营提供及时、精确的信息，以减少延误。

三、空中交通管理的机构

中国民用航空局空中交通管理局（简称民航局空管局）是管理全国空中交通服务、民用航空通信、导航、监视、航空气象、行情情报的职能机构。我国空中交通管理系统现行管理体制为民航局空管局、地区空管局、空管分局三级管理体制。

第二节　空中交通管制

空中交通管制是指利用技术手段和设备对飞机在空中飞行的情况进行监视和管理，以保障其飞行安全和飞行效率。空中交通管制服务根据飞机运行的不同阶段可细分为机场管制服务、进近管制服务和区域管制服务。

一、机场管制服务

机场管制服务是指在机场管制地带提供的管制服务，提供单位为机场塔台。机场管制地带一般包括机场起落航线、仪表最后进行阶段、第一等待高度层以及向下的空间和机场机动区。机场管制服务的目的是通过指挥飞机在地面滑行、引导飞机起飞和着陆以及在管制管辖区内的飞行活动，来保障飞机的地面运行安全。

民用机场会根据机场及其附近空中飞行活动的情况建立机场管制地带，以便在机场附近空域内建立安全、顺畅的空中交通秩序。机场管制地带通常是圆形或者椭圆形的，水平边界为以机场管制地带基准点为圆心、以不小于10千米的长度为半径的圆。机场管制地带的下限一般为地面或者水面，上限通常为终端（进近）管制区的下限。

机场是飞机活动最密集的地方，也是空中交通管理服务强度最大的地方，为此，机场建有高耸的塔台，机场空中交通管制员工作在塔台的顶层，从这里他们可以透过宽阔的玻璃窗把机场和周围的空域看得清清楚楚（见图4—2）。因此，机场空中交通管制员也叫塔台管制员，他们通过目视和雷达屏幕监控着在机坪和滑行道上的飞机、车辆以及行人的活动。

图4—2　机场塔台

1. 服务的范围

为防止飞机在机场内运行的过程中相撞，机场管制服务的范围包括：

（1）飞机在机场交通管制区的空中飞行。

（2）飞机的起飞和降落。

（3）飞机在机坪上的运动。

（4）防止飞机在运动中与地面车辆和地面障碍物碰撞。

2. 服务的人员

(1) 机场地面交通管制员

机场地面交通管制员负责控制在跑道之外的机场地面上（包括滑行道、机坪上）的所有飞机的运动。在繁忙机场的机坪上可能同时有几架飞机在运动，此外还有各种车辆、行人的移动。机场地面交通管制员负责给出飞机的发动机启动许可和进入滑行道许可，对于到达的飞机，当飞机滑出跑道进入滑行道后，由机场地面交通管制员安排飞机运行至机坪或候机楼。

(2) 机场空中交通管制员

机场空中交通管制员负责飞机进入跑道滑行时和按目视飞行规则在机场控制的起落航线上飞行时的交通管制。其任务是给出飞机起飞或着陆的许可和引导在起落航线上飞机的起飞和着陆，安排飞机的起降顺序，安排合理的飞机放行间隔，以保障飞行安全。在一条跑道既用于起飞又用于着陆的情况下，机场空中交通管制员还要很好地安排起飞和着陆飞机的时间间隔。

二、进近管制服务

进近管制服务是指对飞机起飞后进入航路和着陆前由航路到机场管制区的管制服务，提供人员为进近管制员。进近管制员通过无线电设备和监控设备管制飞机飞行，管制范围上接航路区、下接机场管制区。当飞机准备从航路上下降时，进近管制员负责把飞机接引到仪表着陆系统的作用范围内，当飞机飞临机场上空 600 米高度左右，将该飞机降落的任务交给机场空中交通管制员，由机场空中交通管制员继续引导飞机降落；当飞机起飞时，进近管制员从机场空中交通管制员手中接过指挥权，继续引导飞机上升，直至将飞机引入航路。

三、区域管制服务

区域管制服务是指对沿航线飞行的飞机巡航阶段的管制服务，提供单位为区域管制室或区域管制中心。区域管制服务主要包括以下内容：

1. 航路放行许可的批准

通常情况下，区域管制单位会在飞机起飞前或者进入本管制区30分钟前发出允许进入本管制区的航路放行许可，通过机场管制单位放行席位的管制员通知飞行员。

2. 流量控制

当区域管制单位得知本管制区在某一时间或一定航段内不能再容纳其他飞机飞行时，就会发布流量控制通知，通知其他相关空中交通管制单位或者飞经本管制区的飞行员。

3. 空中交通服务

空中交通服务主要包括监督飞行活动、及时发布空中飞行情报、及时通报有关天气情报、及时发出管制指令、妥善安排飞机间隔、调配飞行冲突、协助飞行员处置特殊情况，以及协调、通报本区域内飞行动态等。

4. 移交和协调

空中交通管制各单位之间进行管制移交时，移交单位应当在飞机飞越管制移交点10分钟之前或者按照管制协议与接收单位进行管制协调，管制协调的内容应当包括飞机呼号、飞机机型（可省略）、飞行高度、速度（根据需要）、移交点、预计飞越移交点的时间及管制业务必需的其他情报等。

思考与练习

1. 空中交通管理的概念是什么？
2. 空中交通管理的主要任务包括哪些？
3. 空中交通管理的机构是什么？
4. 空中交通管制分为哪几类？
5. 简述区域管制服务的内容。

第五章 民航运输

学习目标

- ☞ 了解民航运输的属性
- ☞ 熟悉民航运输的分类
- ☞ 了解我国民航运输的现状
- ☞ 熟悉民航旅客运输和民航货物运输的基本术语
- ☞ 了解民航旅客运输的组织和运营
- ☞ 了解民航货物运输的流程

民用航空运输简称民航运输，是以飞机作为运输工具，以民用为宗旨，以航空港为基地，通过一定的空中航线运送旅客和货物的运输方式。民航运输是国家和地区交通运输系统的有机组成部分，在国际交往和国内长距离客货运输中起着非常重要的作用。

第一节　民航运输概况

一、民航运输的属性

1. 商品性

民航运输所提供的产品是一种特殊形态的产品——空间位移，产品单位是“人公里”和“吨公里”。民航运输的商品属性是通过旅客在民航运输市场的购买行为实现的。

2. 服务性

民航运输业属于第三产业，是服务性行业，它以提供空间位移的多寡反映服务的数量，又以服务手段和服务态度反映服务的质量。这一属性决定了承运人必须不断扩大运力来满足日益增长的产品需求，遵循“旅客第一，用户至上”的原则，为旅客提供安全、便捷、舒适、正点的优质服务。

3. 国际性

民航运输已成为现代社会最重要的交通运输形式之一，是国际政治往来和经济合作的纽带，这其中既包括国际友好合作，也包括国际竞争，其在服务、运价、技术协调、经营管理和法律法规的制定实施等方面，都要受国际统一标准的制约和国际民航运输市场的影响。

4. 准军事性

航空活动首先应用于军事领域，之后才转为民用。现代战争中制空权的掌握是取得战争主动地位的重要因素，因此很多国家在法律中规定，民航运输企业所拥有的机群和相关人员在平时服务于国民经济建设，同时作为军事后备力量，在战时或紧急状态时，民用航空即可依照法定程序被国家征用，以满足军事需求。

5. 资金、技术、风险密集性

民航运输业是一个高投入的产业，无论运输工具还是其他运输设备都价值昂贵、成本巨大，因此其运营成本非常高。民航运输业由于技术要求高、设备操作复杂、各部门间相互依赖程度高，所以运营过程中风险性也较大。任何一个国家的政府和组织都没有相应的财力，像补贴城市公共交通一样补贴本国的民航运输企业。出于这个原因，民航运输业在世界各国都被认为不属于社会公益事业，而必须以盈利为目标才能维持其正常运营和发展。

6. 自然垄断性

由于民航运输业投资巨大，资金、技术、风险高度密集，投资回收周期长，对民航运输主体资格限制较严，市场准入门槛高，使得民航运输业在发展过程中形成自然垄断。

二、民航运输的分类

根据不同的分类标准，民航运输可划分为不同的种类。

1. 按民航运输的性质分类

根据民航运输的性质不同，一般把民航运输分为国内民航运输和国际民航运输两类。

根据《中华人民共和国民用航空法》第 107 条的定义，所谓国内民航运输，是指根据当事人订立的民航运输合同，运输的出发地点、约定的经停地点和目的地点均在中华人民共和国境内的运输；而所谓国际民航运输，是指根据当事人订立的民航运输合同，无论运输有无间断或者有无转运，运输的出发地点、目的地点或者约定的经停地点之一不在中华人民共和国境内的运输。

2. 按民航运输的对象分类

根据民航运输的对象不同，一般把民航运输分为民航旅客运输、民航货物运输和民航旅客行李运输三类。

民航旅客运输是指利用飞机等航空器运输人员的过程。民航货物运输是指利用飞机等航空器运输货物、邮件等的过程。较为特殊的是民航旅客行李运输，它既可附属于民航旅客运输，亦可看作一个独立的运输过程。

三、民航运输的现状

民航运输业的发展水平是衡量一个国家社会现代化程度的重要指标。近年来，随着居民收入水平的提高、消费结构的升级和跨区域经济联系的日益密切，我国民航运输业务规模稳步增长，基础设施能力明显改善，行业市场化程度不断提高，航线网络不断完善，机场数量和机队规模显著增长，民航运输业取得了长足发展。但同时也存在不少值得重视和亟待解决的问题。

1. 民航运输业取得的成就

（1）业务规模稳步增长

2013 年以来，我国航空市场蓬勃发展，航空运力呈稳步增长态势。根据中国民用航空局发布的 2017 年生产统计情况，过去五年，全行业运输总周转量年均增长 12.2%（见图 5—1）。

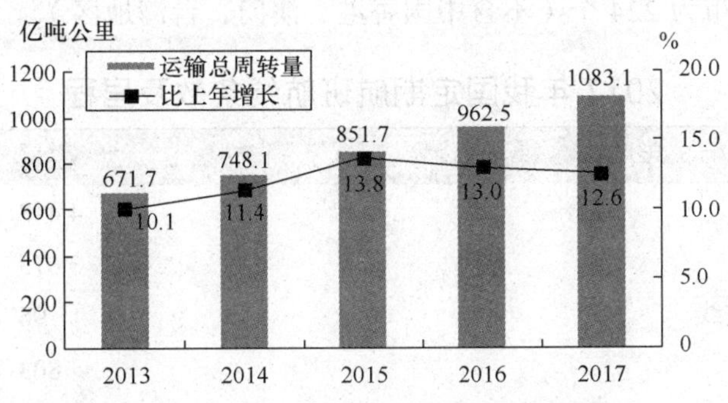

图 5—1　2013—2017 年民航运输总周转量

（2）基础设施能力明显改善

随着我国民用机场进入新的建设高峰期，我国机场硬件设施已逐步赶超发达国家的水平。同时，空中交通管理、通信、导航和气象等航行保障系统的技术升级改造也明显加快，形成了区域管制——终端管制——塔台管制的三级空中交通管理服务体系，建立了民航专用卫星通信网、空管数据通信网等信息服务网络。

（3）行业市场化程度不断提高

2002 年以来，我国民用航空业在所有制分开、政企分离、机场和地方分离等方面进行了改革探索，逐步确立了以企业为主体、有序竞争的市场经济体系。截至 2017 年，我国共有航空公司 58 家，其中国有控股公司 43 家，民营和民营控股公司 15 家，全货运航空公司 8 家，中外合资航空公司 11 家，上市公司 7 家。中国民航运输业已经形成了以国航、东航、南航三大航空公司为主导，多家航空公司并存的竞争格局。三大国有控股航空集团占据了国内航空客货运输市场较大的份额，其他区域性航空公司和特色航空公司在各自专注的细分市场领域具有较强的市场竞争力。多元化市场主体的共同参与，使我国航空市场呈现出多样化与专业化竞争并存的良好发展态势。

(4) 航线网络不断完善

近十年来，我国航线网络快速发展，形成了以大城市为中心，连接全国、通向国际的四通八达的运输干线网络。目前，已形成北京首都国际机场、广州白云国际机场、上海浦东国际机场 3 个首位枢纽空港和覆盖沿海发达城市及重要省会城市的 20 多个区域性枢纽空港。我国“十三五”规划明确提出要建设京津冀、长三角和珠三角城市群，以此为契机，着力打造京津冀、长三角、珠三角三个世界级机场群，更好地服务于国家社会经济发展。截至 2017 年，我国共有定期航班航线 4 418 条，按重复距离计算的航线里程为 1 082.9 万公里，按不重复距离计算的航线里程为 748.3 万公里（见表 5—1）；定期航班国内通航城市为 224 个（不含中国香港、澳门、台湾地区）。

表 5—1　　2017 年我国定期航班航线条数及里程

指标：单位	数量
航线条数：条	4 418
国内航线	3 615
其中：港澳台航线	96
国际航线	803
按重复距离计算的航线里程：万公里	1 082.9
国内航线	706.6
其中：港澳台航线	15.3
国际航线	376.3
按不重复距离计算的航线里程：万公里	748.3
国内航线	423.7
其中：港澳台航线	14.8
国际航线	324.6

(5) 机场数量和机队规模显著增长

截至 2017 年，我国共有颁证运输机场 229 个，民航全行业运输飞机期末在册架数 3 296 架，比上年增加 346 架。

2. 民航运输业存在的问题

(1) 民航服务经济社会发展的能力有待增强

与区域经济发展不平衡相对应，我国航线布局也呈现东密西疏、沿海密内陆疏的发展态势，中西部地区航空业难以有效支持和拉动中西部地区经济社会发展。同时，支线航空服务供给仍然不足，限制了中小城市居民享受平等出行的权利。

（2）民航运输市场化改革仍需深化

尽管近年来我国民航运输业市场化程度逐步提高，但与主要发达国家相比，市场化导向的改革有待深化，主要体现为民航价格机制不够合理，民航运输业仍面临一定的行政壁垒，低成本和支线航空发展环境有待优化等问题。

（3）民航运输干、支线网络缺乏有效衔接

随着近年来航线网络的迅速拓展，我国民航运输干、支线网络发展不平衡和缺乏有效衔接等问题逐渐显现。干、支线运输之间缺乏有效协作，特别是同一区域的干、支线运输之间业务上的协作不足，影响了支线航班与干线航班的有效衔接，无法完全发挥枢纽机场的中转功能和航空网络的整体效能。

（4）航班正常率有待提高

2017 年，我国主要航空公司共执行航班 298.8 万班次，其中正常航班 212.9 万班次，平均航班正常率为 71.25%，平均延误时间为 24 分钟，具体情况见表 5—2。

表 5—2　　2017 年航班不正常原因分类统计

指标	占全部比例（%）	与上年相比增减（%）
主要航空公司航班不正常原因	100.00	0
其中：天气原因	51.47	–4.99
航空公司原因	9.26	–0.37
空管原因（含流量原因）	8.12	–0.17
其他	31.15	5.53

由表 5—2 可知，航班正常率受天气、航空公司和航班量影响较大，对此，相关部门应采取措施，严格把控运行总量，科学把握运行标准，持续改进保障能力，以有效提高航班正常率。

（5）民航服务质量须持续提高

2017 年，中国民用航空局消费者事务中心和中国民航运输协会共受理消费者投诉民航服务质量事件 24 781 件，比上年增加 5 615 件，同比增长 29.3%，这说明民航服务质量还须持续提高。

第二节　民航旅客运输

一、民航旅客运输术语

为了规范民航旅客运输服务，中国民用航空局依据相关法律法规，于 2002 年 6 月 12 日发布了中华人民共和国国家标准《民用航空旅客运输术语》(GB/T 18764–2002)，它是民航客运业务的基础标准。

1. 航线

航线是指飞机从某一机场飞往另一机场所遵循的空中路线。一条航线的要素包括起点、经停点、终点、航路、高度、宽度、机型、班次、班期和时刻。航线就飞行地点而言，分为国内航线和国际航线。

(1) 国内航线

国内航线是指飞机仅在一国国境内飞行的航空线路，即航线的起点、经停点、终点均在一国国境内。国内航线又分为国内干线、国内支线和地区航线。

1）国内干线。国内干线是指连接首都和各省会、直辖市或自治区首府所在地的航线，以及连接两个以上的省会、直辖市、自治区首府或各省、自治区所属城市之间的航线，如北京—上海航线、广州—大连航线、北京—广州航线等。干线运输主要是满足大城市之间客货运输的需求。

2）国内支线。国内支线是指一个省、自治区内各城市间与其他省、自治区各城市之间的航线，如上海—烟台航线、大连—牡丹江航线、大连—石家庄航线等。支线运输主要是汇集或疏散旅客和货物。

3）地区航线。地区航线是指根据国家特殊情况，在一国境内与境外之间飞行的航线。在我国境内特指一点或多点与中国香港、澳门等地区的航线。

(2) 国际航线

国际航线是指飞机飞行的始发地点、约定的经停地点和目的地点中有一个或以上不在同一国境内的航线。例如，北京—东京航线、北京—广州—东京—纽约航线等。

2. 航节

航节是指任何特定航班按时间顺序两点之间的航行。

3. 航段

航段是指特定航班从旅客登机点到旅客到达点一个或一组顺序的航节，是在航线上各经停点、点与点之间的航程。航段通常分为旅客航段（Segment，通常简称为航段）和飞行航段（Leg，通常称为航节）。旅客航段是指能够构成旅客航程的航段，如北京—上海—旧金山航线，旅客航程有 3 种可能：北京—上海、上海—旧金山和北京—旧金山。而飞行航段是指飞机实际飞经的航段，如北京—上海—旧金山航线，飞行航段为北京—上海和上海—旧金山。

航线上经停点的多少是根据客货运输的要求和机型的运输能力而决定的。中小型飞机在飞行远距离航线时一般航节较多，有时为了提高飞机的载运量而增加经停点，有时为了解决运输生产的特殊情况临时停降或飞越，这就是在一个航线上出现多个航节的原因。

4. 生产指标

(1) 运输总周转量

运输总周转量是指报告期内民航运输企业使用飞机承运的旅客、行李、货物和邮件的数量与它们的运输距离乘积的总和，单位为吨公里。

(2) 旅客周转量

旅客周转量是指报告期内运输旅客的人数与运输距离的乘积，单位为客公里。

(3) 旅客运输量

旅客运输量是指报告期内民航运输企业所承运的旅客数量，单位为人。

(4) 客座利用率

客座利用率是指实际完成的客公里与可提供客公里之比，公式如下：

$$客座利用率=\frac{实际客公里}{可提供客公里}\times 100\%$$

某一具体航段，可按以下公式直接计算：

$$客座利用率=\frac{航班飞机旅客数}{航班飞机可提供座位数}\times 100\%$$

5. 约定经停地

约定经停地是指除出发地和目的地以外，在客票中所列明或在承运人的航班时刻表中所公布的航班预定停留点（见图 5—2）。

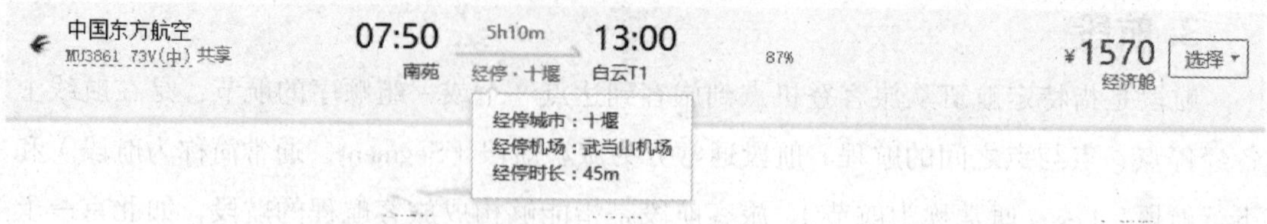

图 5—2　有经停点的航班信息（实例）

6. 中转点

中转点是指中转旅客换乘航班的地点。

7. 中途转机点

中途转机点是指旅客在到达该点后 24 小时以内继续旅行的中转点（见图 5—3）。

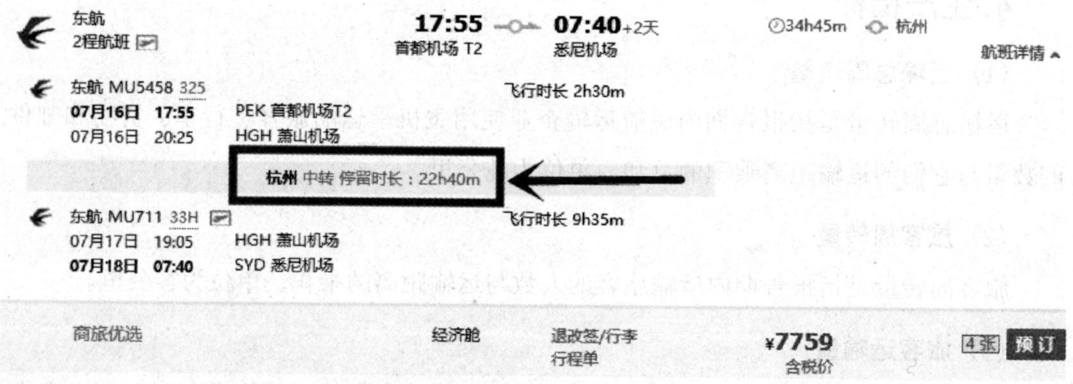

图 5—3　有中途转机点的航班信息（实例）

8. 航班

航班是指根据班期时刻表，在规定的航线上，使用规定的机型，按照规定的日期、时刻进行的飞行。航班分为去程航班和回程航班，从基地出发的飞行为去程航班，返回基地的飞行为回程航班。

（1）定期航班

定期航班是指按规定的航班、日期、时间，从事旅客、行李、货物和邮件运输的航班。

（2）不定期航班

不定期航班是指以不固定航班、时刻进行运输飞行的航班。

（3）国际航班

国际航班是指在国际航线上飞行的航班。

(4) 国内航班

国内航班是指在国内航线上飞行的航班。

(5) 直达航班

直达航班是指使用单一飞机在两点之间提供运输，即使中间经停，但不改变航班号的航班。

(6) 续程航班

续程航班是指接上一航程的航班。

(7) 航班班次

航班班次是指航班在单位时间内飞行的次数，通常以一周为计算单位。航班班次反映某航线的航班密度，它是根据运量、运力、机型及效益等因素来决定的。

(8) 航班号

航班号是指按一定规则以航空公司代码加阿拉伯数字表示的飞机飞行编号。

1）2004 年以前航班编号规则。2004 年以前，我国的国内航班号由各家航空公司的两字代码加四位阿拉伯数字组成。航空公司代码由中国民用航空局规定，后面的四位数字，第一位代表航空公司的基地所在地区；第二位表示航班的终点所在地区；第三位、第四位表示航班的序号，单数表示去程航班，双数表示回程航班。

例如，西安飞往北京的 CA1202 航班，“CA”代表中国国际航空公司，第一位数字“1”代表国航基地所属的华北地区，第二位数字“2”代表航班的终点西安所属的西北地区，“02”为航班序号，其中末位数“2”代表是回程航班。

如果航班因为天气、机械故障等原因延误、备降或取消，需要补班飞行，为区分原航班和补班航班，航空公司会在航班号后面加上一个字母，如 CZ310W。

国际航班号由航空公司代码加三位数字组成，第一位数字代表航空公司；后两位是航班序号，单数代表去程，双数代表回程。例如，CA982 代表中国国际航空公司承运的由纽约飞往北京的回程航班。

根据上述规则，可以通过航班号快速了解航班的执行公司、飞往地点及方向，无论对于民航管理人员还是旅客来说都非常方便。

2）2004 年以后航班编号规则。2004 年，三大航空公司重组后，时有航班号数字重复现象，导致陆空通话中出现误听等问题。因此，中国民用航空局重新制定了航班号分配和使用方案，于 2004 年 10 月开始执行。具体规则如下：

①按照数字的顺序编制航班号；

②编制国内航班号时，不得使用其他公司的航班号；

③编制国际和地区航班号时，原则上按三位数字安排，如果三位数字不够时，可以使用分配给本公司的四位数字航班号，但不能与本公司国内的航班号重复；

④在编制加班、包机等临时飞行航班号时，应在分配给本公司航班号的数字范围内编排，但不得与当天定期航班的航班号重复。

9. 班期时刻表

为了适应空运市场的季节性变化，根据飞行季节的不同和客货流量、流向的客观规律，航空公司须制订航班计划，并将航线、航班及其班期和时刻等按一定的秩序汇编成册，称为班期时刻表（见表 5—3）。班期时刻表一般每年制订两次，一次为夏秋季班期

表 5—3　　班期时刻表（实例）

航班号	航空公司	始发站/起飞时刻	经停站/到达时刻	到达站时刻	机型	每周班期						
SC4742	山东航空	牡丹江 11:25	大连 13:05	青岛 15:10	波音 737	一	二	三	四	五	六	日
NS3502	河北航空	牡丹江 11:10		石家庄 13:50	E190			三		五		日
CZ3612	南方航空	牡丹江 12:55	大连 14:50	上海（浦东） 17:50	空客 320	一		三		五		
KE824	大韩航空	牡丹江 12:50		首尔 16:30	波音 737		二		四			日
MU5526	东方航空	牡丹江 14:05	烟台 16:10	上海（虹桥） 18:40	空客 320	一		三		五		日
CZ6087	南方航空	牡丹江 15:20		首尔 19:00	空客 320		二		四		六	
CZ6834	南方航空	牡丹江 15:35	大连 17:15	深圳 22:10	空客 320		二		四		六	日
SC4940	山东航空	牡丹江 16:40	烟台 18:50	南京 21:10	波音 737			三		五		日
MU5522	东方航空	牡丹江 16:00	青岛 18:25	上海（浦东） 20:30	空客 320	一	二	三	四	五	六	日
MU5250	东方航空	牡丹江 16:50	烟台 19:00	杭州 22:00	空客 320		二		四		六	
CZ3626	南方航空	牡丹江 18:25	沈阳 20:05	深圳 01:35	空客 320	一	二	三	四	五	六	日
SC8772	山东航空	牡丹江 20:10	大连 21:40	济南 23:55	波音 738	一	二	三	四	五	六	日
CA1682	中国国航	牡丹江 21:20		北京 23:45	波音 737	一	二	三	四	五	六	日
SC8898	山东航空	牡丹江 22:00		青岛 00:15	波音 737		二	三	四		六	日

时刻表，执行时间为 3 月下旬至 10 月下旬，另一次为冬春季班期时刻表，执行时间为 10 月下旬至第二年 3 月下旬。

班期时刻表是民航运输企业组织日常运输生产的依据，也是航空公司向社会各界和世界各地用户介绍航班飞行情况的一种业务宣传资料。

二、民航旅客运输责任人

1. 承运人

承运人包括填开客票的航空承运人和承运或约定承运该客票所载明旅客及其行李的所有航空承运人（见图 5—4）。

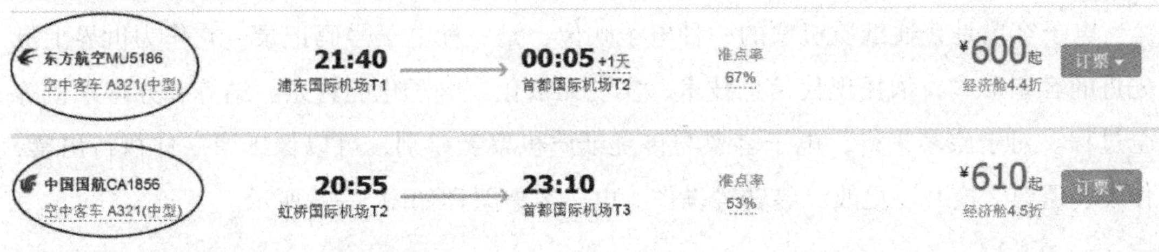

图 5—4 承运人信息（实例）

2. 续程承运人

续程承运人是指在连续运输中，承接前一承运人航班上的旅客，继续运输的承运人（见图 5—5）。

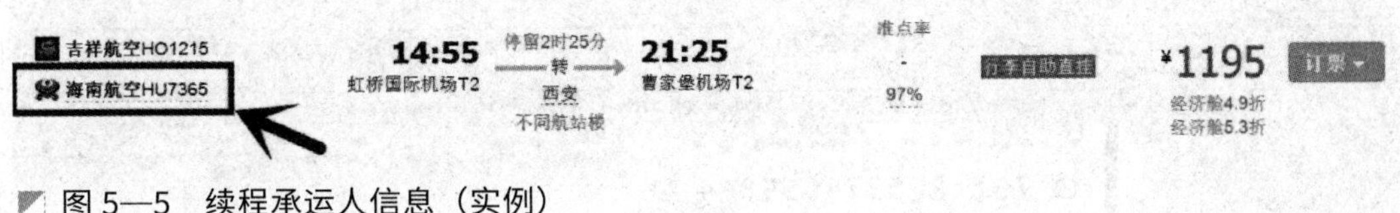

图 5—5 续程承运人信息（实例）

3. 代理人

(1) 授权代理人

授权代理人是指被承运人指定并授权代表该承运人，为其航班代理航空运输业务的企业法人。

(2) 客运代理人

客运代理人是指在民航旅客运输中，经授权代表承运人从事客运销售或地面服务业务的任何法人。

(3) 客运销售代理人

客运销售代理人是指从事民航旅客运输销售代理业务的企业法人。

(4) 地面服务代理人

地面服务代理人是指从事民用航空运输地面服务代理业务的企业法人。

三、民航旅客运输组织与运营

1. 票务服务

(1) 电子客票的填开

电子客票是普通纸质机票的一种电子映像，是一种电子号码记录，它作为世界上最先进的客票形式，依托现代信息技术，实现无纸化、电子化的订票、结算和办理乘机等全过程。对于旅客来讲，电子客票与传统纸质机票无差别，可以像纸票一样执行出票、作废、退票、换开、更改、签转等操作。电子客票票样如图5—6所示。

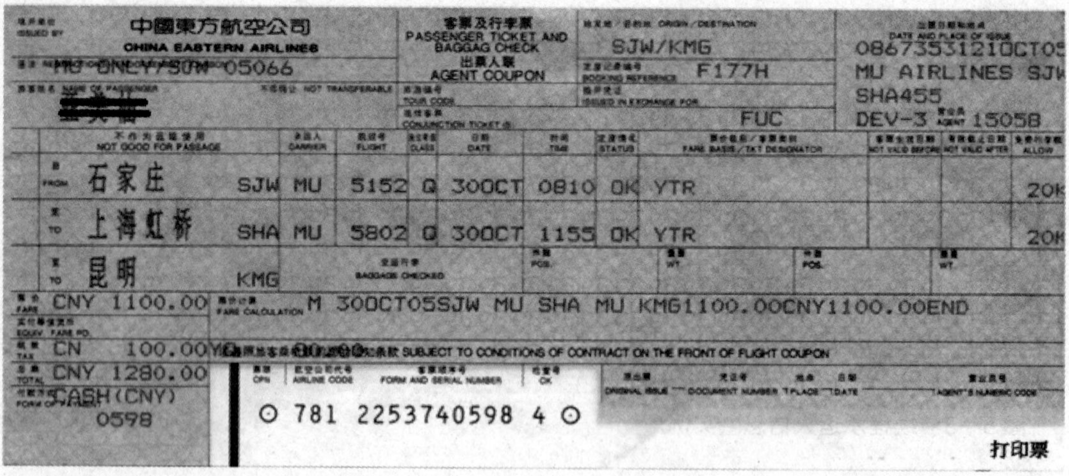

图5—6　电子客票票样（实例）

电子客票填开内容主要包括旅客信息和旅程信息两大项：

1）旅客信息。国内旅客按旅客身份证件上的旅客全名填写；对按正常票价50%付费的儿童旅客，在姓名后加CHD（Child）；对按正常票价10%付费的婴儿旅客，在姓名后加INF（Infant），在客票签注栏内注明陪伴人客票的号码，在陪伴人客票签注栏内注明婴儿客票的号码；5~12周岁无成人陪伴儿童旅客的姓名后注明UM（Unaccompanied

Minor）+ 年龄，12~16 周岁无成人陪伴儿童旅客的姓名后注明 YP（Young Passenger）+ 年龄；其他特殊旅客应在其姓名后注明相应代码字样（见表 5—4）。

表 5—4 特殊旅客相应代码

代码	含义
VIP	重要的旅客
VVIP	非常重要的旅客
CIP	工商界要客
CBBG	行李放入客舱自行照管，并占用座位的付费旅客
COUR	商业信使
DIPL	外交信使
EXST	占用一个座位以上的付费旅客
SP（可不填）	加在旅客姓名之后，以说明由于无自理能力，此旅客须予以帮助
STCR	使用担架的旅客

2）旅程信息（见表 5—5）。

表 5—5 旅程信息填开内容

栏目	填开内容
“自 / 至”栏（FROM/TO）	根据旅客航程，将始发地点填入“自（FROM）”栏内，然后按照旅程顺序把后续点的名称依次填入各“至（TO）”栏内。填写时，地名一律用汉字全名，后面加上机场三字代码。当某城市有一个以上机场时，必须同时填写城市和到达机场名
“承运人”栏（CARRIER）	填写各航段已经申请或订妥座位的承运人的两字代码。如无已经申请或订妥座位的承运人，此栏不填
“航班号”栏（FLIGHT）	填写已订妥座位或已申请座位的航班号
“座位等级”栏（CLASS）	填写已订妥座位或已申请座位的座位等级代号，以各航空公司规定为准
“日期”栏（DATE）	填写乘机日期，两位阿拉伯数字表示日，月份用英文前三个字母缩写，如 10 月 1 日表示为“01OCT”
“时间”栏（TIME）	根据航空公司公布的班期离港时间填写，以 24 小时制表示，如上午八点半应表示为“0830”，下午八点五分应表示为“2005”。以上时间为始发地当地时间
“订座情况”栏（STATUS）	“OK”表示座位已订妥，“RQ”表示已经订座但未获得证实或列入候补，“NS”表示不单独占座的婴儿，“SA”表示利用空余座位

续表

栏目	填开内容
“客票级别/客票类别”栏（FAREBASIS/TKTDESIGNATOR）	本栏填写旅客所付的票价限定代号和旅客在部分航段上享受的折扣票价类别代号。如果旅客所享受的票价折扣适用于整本客票，应当在本栏内航程种类代号后填写相应折扣类别代号

（2）电子客票的购买和使用流程

电子客票的使用流程是：查询某次航班的电子客票；详细、准确地填写乘机人信息，在网上支付票款；客服人员发送电子客票号到旅客手机或邮箱，旅客持有效身份证件原件到机场电子客票柜台领取登机牌后办理乘机手续。

（3）电子客票的凭证

电子客票行程单是旅客购买电子客票的主要凭证，包含旅客姓名、航程、航班、旅行日期、起飞及到达时间、票号等内容（见图 5—7）。

电子客票行程单由国家税务总局监制并按照《中华人民共和国发票管理办法》纳入税务机关发票管理。电子客票行程单在作为旅客付款及报销凭证的同时，还具备提示旅客行程的作用。

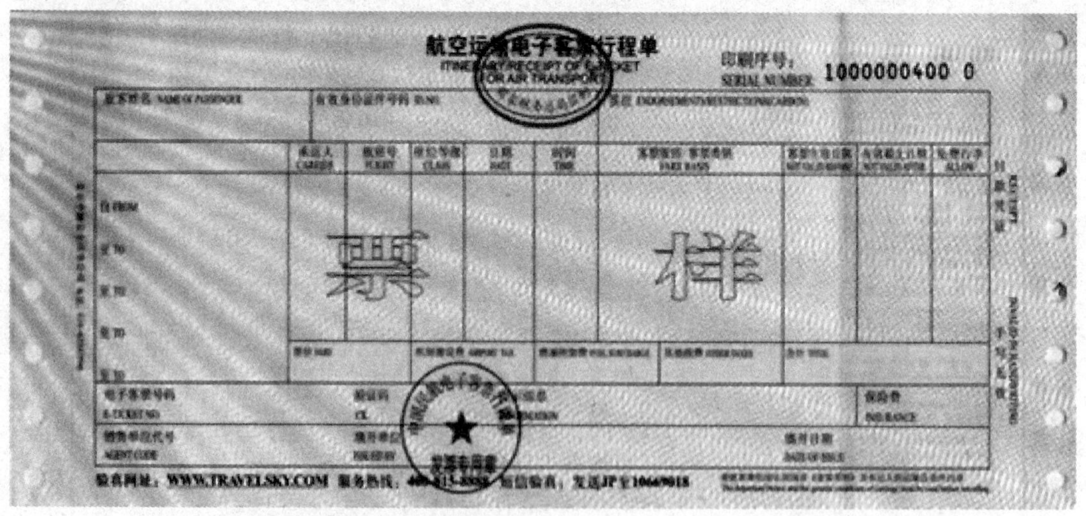
航空运输电子客票行程单
印刷序号：
SERIAL NUMBER 1000000400 0
票样
WWW.TRAVELSKY.COM

图 5—7 电子客票行程单票样

（4）电子客票的改签

电子客票改签包括客票变更和客票签转两项。

旅客购买定期客票后，由于个人原因或航空公司安排失误（如航班取消、提前、延误、航程改变或承运人未能向旅客提供已经订妥的座位或舱位等级，或未能在旅客的中途分程地点或目的地停留，或造成旅客已经订妥座位的航班衔接错失）而要求变更乘机日期、航班、航程、座位级别或乘机人，称为客票变更。按照变更原因不同，客票变更分为自愿变更和非自愿变更。

旅客购票后，如要求改变原客票的指定承运人，称为客票签转。按照签转原因不同，客票签转分为自愿签转和非自愿签转。

1）客票自愿变更的有效性规定：①要求变更的客票必须在客票有效期内，逾期的无效客票不得变更；②要求变更的客票不得违反票价限制条件，如承运人提供的较低折扣机票往往都附加“不得签转”“不得变更”等限制条款，客票的变更工作一定要遵循限制条款；③变更航程或乘机人，均应按退票处理，重新购票；④客票变更后，客票的有效期仍按原客票出票日期或开始旅行日期计算；⑤旅客要求变更航程、乘机日期，必须在原定航班离站时间前提出。

2）客票自愿签转的有效性规定：①要求签转的客票必须无签转限制，且旅客未在航班规定的离站时间前 72 小时以内改变过航班、日期；②旅客应在航班规定离站时间 24 小时以前提出签转要求；③在保证新承运人与原承运人有票证结算关系且新承运人的航班有可利用座位的情况下，方可办理客票签转。

3）客票非自愿变更的有效性规定：①由承运人原因造成的变更，承运人有义务安排航班将旅客送达目的地或中途分程地点，票款、逾重行李费和其他服务费用的差额多退少不补；②由于承运人原因造成旅客舱位等级变更时，票款的差额多退少不补，如经济舱改为头等舱，不再收取差额，头等舱改为经济舱，应退还票价差额。

4）客票非自愿签转的有效性规定：由承运人原因造成的签转，承运人在征得旅客及续程承运人同意后，办理签转手续，并为旅客优先安排有可利用座位的后续航班。

(5) 电子客票的退票

旅客购票后，由于旅客原因或承运人原因，不能在客票有效期内完成部分或全部航程，而要求退还部分或全部未使用航段票款，称为退票。退票分为非自愿退票、自愿退票和旅客因病退票三种。

1）非自愿退票。非自愿退票是指因航班取消、提前、延误、航程改变或承运人不能提供原定航班座位等原因，旅客提出的退票。旅客提出非自愿退票，承运人应该退还全部票款，不收取退票费。若航班在非规定的航站降落，旅客要求退票，原则上退还由降落站至旅客到达站的票款，但不得超过原付款金额。

2）自愿退票。自愿退票是指由于旅客原因，未能按照运输合同（客票）完成全部或部分航空运输，在客票的有效期内提出的退票。旅客提出自愿退票，各航空公司应根据旅客购买客票折扣、舱位不同，收取不同的退票费。一般来说，旅客购买较低折扣的机票，退票时扣除退票手续费费率较低；相反，旅客购买较高折扣的机票，退票时扣除的手续费费率较高。特价折扣舱位客票一般不得自愿退票。

3）旅客因病退票。旅客因病退票是指旅客因个人身体健康原因未能全部或部分完成机票中所列明的航程而提出的退票。旅客因病要求退票，必须在航班规定离站时间前提供县级（含）以上医疗单位出具的医生诊断证明（如诊断书、病历、旅客不能乘机的证明），免收退票费。患病旅客陪伴人员要求退票，应与患病旅客同时办理退票手续，免收退票费。

2. 特殊旅客服务

（1）重要旅客

根据《中国民用航空旅客、行李国内运输规则》对重要旅客范围的界定和分类，将重要旅客划分为非常重要旅客（VVIP）、重要旅客（VIP）和工商界要客（CIP）三类（见表 5—6）。

表 5—6　　重要旅客的分类

分类	说明
非常重要旅客（VVIP）	包括： （1）我国党和国家领导人 （2）外国国家元首和政府首脑 （3）外国国家议会议长和副议长 （4）联合国秘书长
重要旅客（VIP）	包括： （1）我国政府部长，省、自治区、直辖市人大常委会主任，省长、自治区人民政府主席、直辖市市长或相当于这一级的党、政、军负责人 （2）外国政府部长 （3）我国和外国政府副部长或相当于这一级的党、政、军负责人 （4）我国和外国大使 （5）国际组织（包括联合国、国际民航组织）负责人 （6）我国和外国全国性重要群众团体负责人 （7）两院院士
工商界要客（CIP）	包括： （1）工商业、金融业重要、有影响力的人士 （2）重要的旅游业领导人 （3）国际空运企业组织、重要的空运企业负责人和承运人邀请的外国空运企业负责人

为重要旅客办理乘机手续时，要为重要旅客设置专柜；安排座位时，要给重要旅客预留较好的座位或按旅客要求办理；在重要旅客登机牌上注明“VVIP”“VIP”或“CIP”字样，便于做好服务工作；优先办理重要旅客的行李收运手续，检查行李是否完好后，贴挂“VIP”行李标志牌和“小心轻放”标贴，并与行李分拣员交接签收；始发站和经停站进行行李装机时，应将重要旅客的托运行李装在靠近货舱舱门的位置，以便到达站优先卸机交付。

（2）老年旅客

老年旅客是指年龄超过60岁的男性或年龄超过55岁的女性申请按老年接待的旅客。年满60周岁的旅客，如果身体健康状况良好，可按普通旅客承运。年龄超过70岁的老人乘机必须出具县级以上医疗机构出具的健康证明（部分航空公司有此规定）。

乘务员应热情搀扶需要帮助的老年旅客登机，主动帮助其提拿、安放随身携带的物品，帮助其安排座位并主动为其介绍客舱服务设备、卫生间位置及使用方法等。飞行中，乘务员要经常看望并了解老年旅客的需要，主动介绍供应的餐食。飞机降落后，乘务员应主动搀扶其下机并交代地面服务人员给予照顾。

（3）婴儿和无成人陪伴儿童旅客

婴儿旅客是指出生满14天以上但年龄不满2周岁的旅客。婴儿乘飞机是不占用座位的，可以由成人抱着或者放在机上摇篮里。每一航班接收婴儿的最大数额应少于该航班机型的座位总排数，即每相连的一排座位不能安排多于一名婴儿。婴儿上机前乘务长应事先指定一名乘务员帮助带婴儿的旅客提拿随身携带的物品、安排座位、介绍客舱服务设备。飞行中，乘务员要提供细微的服务，如调整通风口，避免通风口直接对着婴儿及其陪伴人员，向陪伴人员征询婴儿喂食、喂水的时间和分量及有无特殊要求等。飞机下降时，乘务员应提醒陪伴人员唤醒婴儿，以避免出现压耳状况。

对于单独乘机出行的5～12岁无成人陪伴儿童旅客，民航地面服务人员应事先了解其相关情况，并在把其送上飞机时向乘务长说明其目的地和接收成人的姓名，双方签字完成交接工作。飞行中，乘务长需要把无成人陪伴儿童旅客安排在方便乘务员照看的座位并指定一名乘务员主要负责照管，如在饮食上尽量照顾其生活习惯和心理需求，经常观察其是否有不适应或不舒服的状况等。飞机下降时，乘务员要叫醒正在睡觉的无成人陪伴儿童旅客，并妥为照料，以避免出现压耳状况。飞机降落后，乘务员应向来接的成人介绍儿童旅客的情况，如无成人来接，要把其详细情况告诉地面服务人员，双方签字完成交接工作。

(4) 病残旅客

病残旅客是指由于身体或精神上存在缺陷或病态，在航空旅行中不能自行照料自己，需由他人帮助照料的旅客。病残旅客的接收规定如下：

1）必须事先（飞机起飞前 72 小时，其中担架旅客为飞机起飞前 1 周）提出特殊服务申请，并由工作人员填开特殊服务申请通知单。

2）对于需要特别照顾的旅客，必须出示医生的诊断证明和适宜乘机的证明，经承运人同意后方可承运。

3）传染病及精神病患者或健康状况可能对其他旅客或自身造成危害的旅客，不予承运；虽未患病，但需要他人照顾的年迈老人，视为病残旅客；先天残疾，但已习惯独立生活的人，不视为病残旅客；病残旅客原则上需要医生或家属陪同。

病残旅客需经机场地面有关部门批准后方能购票乘机。乘务员要事先了解旅客状况，协助旅客亲属办理登机手续，并为其安排位于客舱前部或靠近过道的座位。运输担架旅客时，若担架随机，乘务员应协助将旅客和担架安排在不影响过往通道的适当位置；若担架不随机，乘务员要在旅客座椅上铺垫毛毯、枕头，根据病情让旅客躺卧。飞行中，乘务长应指定专人负责照顾病残旅客，经常观察、询问旅客病情，根据情况妥善处理。送餐时，乘务员应协助旅客取用餐食，适时给予帮助，但对先天残疾的旅客，还应注意避免过分关注而导致旅客不安。飞机降落后，乘务员应及时联系地面服务人员，并协助旅客整理、提拿手提物品，护送病残旅客最后下机。

(5) 孕妇旅客

怀孕 32 周或不足 32 周的孕妇（除医生诊断不适宜乘机者外）可按一般旅客运输。怀孕超过 32 周的孕妇乘机，应提供在乘机前 72 小时内开具的由医生签字、医疗单位盖章的诊断证明书一式两份，内容包括旅客姓名、年龄、怀孕日期、预产期、旅行航程、日期及是否适宜乘机等，同时填写特殊旅客乘机申请书一式两份，经承运人同意后方可购票乘机。怀孕超过 36 周，不予接受运输。孕妇旅客登机时，乘务员应主动帮助其提拿、安放随身携带物品，调整通风口，主动介绍客舱服务设备，并在起飞和下降前给孕妇旅客在小腹下部垫毛毯或枕头。若遇孕妇机上分娩，乘务员应立即报告机长，同时参照紧急处理方案采取相应措施。

3. 民航旅客运输流程

(1) 国际旅客出发流程

1）办理乘机手续。旅客到达机场后，凭护照或相关证件换取登机牌，办理行李托运手续。

2）安全检查

①检验检疫。旅客到达检验检疫通道，接受体温检测，如有发热、咳嗽、呼吸困难、呕吐、腹泻、急性皮疹、淋巴结肿等症状，或携带动植物及其产品、微生物、人体组织、生物制品、血液及血液制品等，应主动向检验检疫部门申报及办理相关手续。

②海关。没有携带应向海关申报物品的，无须填写海关申报单，选择无申报通道（又称“绿色通道”）通关。如携带应向海关申报物品的，除按照规定享有免检和海关免于监管的人员以及随同成人旅行的16周岁以下旅客之外，均应填写海关申报单，选择申报通道（又称“红色通道”）通关，并主动向海关申报及办理相关手续。

③边防。填写出入境登记卡（中国公民免填），选择相应通道，并出示护照、登机牌、出入境登记卡接受边防检查。

④安检。进入候机楼区前必须接受人身及手提行李安全检查，以保证旅客自身安全和飞机飞行安全。

3）进入候机区域。旅客通过安全检查后进入候机区域，在指定的登机口等待登机，此区域一般设有餐饮娱乐设施和免税商店等。

(2) 国内旅客出发流程

1）办理乘机手续。旅客到达机场后，凭身份证或相关证件换取登机牌，办理行李托运手续。

2）安全检查。旅客到达安全检查通道，出示登机牌和有效身份证件，接受证件、人身及随身携带物品安全检查。

3）进入候机区域。旅客通过安全检查后进入候机区域，在指定的登机口等待登机，此区域一般设有餐饮娱乐设施。

(3) 国际旅客到达流程

登机口下机——安全检查（检验检疫、边防检查）——领取交运行李——海关申报与海关检查——进入到达大厅。

(4) 国内旅客到达流程

登机口下机——领取交运行李——进入到达大厅。

四、民航旅客运输市场

根据2017年数据统计，民航旅客运输行业2017年累计实现营业收入7 460.6亿元，比上年增长15.3%，利润总额652.3亿元，比上年增长71.7亿元。其中，航空公司实现营业收入5 333.8亿元，比上年增长11.9%，利润总额408.2亿元，比上年增长32.6亿元；机场实现营业收入958.0亿元，比上年增长14.6%，利润总额154.0亿元，比上年增长30.9亿元；民航保障企业实现营业收入1 168.8亿元，比上年增长35.1%，利润总额90.1亿元，比上年增长8.1亿元。整个民航客运市场欣欣向荣。具体来说，民航旅客运输市场的需求主要体现在以下几个方面。

1. 派生需求

人们对民航运输的需求大部分是派生需求，绝大多数旅客搭乘飞机是为了到某地出差或旅游，而不会特意搭乘飞机。也就是说，搭乘飞机只是一种手段，而不是目的。

2. 长期性需求

世界经济一体化进程的加快，有力地促进了民航运输需求的增长。自1978年以来，我国民用航空业一直保持强劲的发展势头，尤其是近年来，随着新时代民航强国战略进程的梯次展开，安全高效、通畅便捷、绿色和谐的现代化航空服务体系逐渐形成。预计到2020年，我国人均航空出行次数将达0.5次，2035年人均航空出行次数将超过1次，一些“老少边穷”地区人民也将能够享受基本航空服务计划提供的航空运输服务。可见，我国民航运输市场潜力巨大。

3. 长距离运输需求

民航飞机通常在两点之间做直线飞行，且飞行时速能达900千米，因此民航运输相比其他运输方式的最大优势是能实现长距离运输。随着世界各国交往的增多，长距离运输的需求不断增大，民航运输的优势将会愈发明显。

4. 波动性需求

民航旅客运输需求在一定时期内所呈现的时间分布和空间分布具有波动性，如存在淡季和旺季之分。民航旅客运输的波动性需求归根到底是由派生需求所引起的，如“五一”“十一”期间旅游的旅客较多，寒暑假期间学生的运输需求较集中，春节期间探亲访友的旅客增多等，都会引起运输需求的变化。

第三节 民航货物运输

民航货物运输是现代航空物流业务中的重要组成部分，也是国际贸易中贵重物品、鲜活货物和精密仪器运输必不可缺的方式。

一、民航货物运输术语

1. 货物

货物是指除邮件和凭“客票及行李票”托运的行李外，已经或将要用飞机运输的任何物品，包括凭航空货运单运输的行李。

2. 航空货运单

航空货运单是指托运人或托运人委托承运人填制的、托运人和承运人之间为在承运人的航班上运输货物所订立合同的初步证据。

3. 航空邮件

航空邮件是指由邮政部门交由航空运输企业运输的邮件，主要包括信函、印刷品、邮包、报刊等（见图 5—8）。

图 5—8 航空邮件运输

4. 航空快递

航空快递是指具有航空快递经营资格的企业使用专用快件标志，按托运人的要求，以最快的速度、门到门的服务，在托运人、承运人与收货人之间进行运输和交接货物的业务。

二、民航货物运输责任人

1. 承运人

承运人是指接受托运人填开的航空货运单或者保存货物记录的航空承运人和运送或者从事承运货物或者提供该运输任何其他服务的所有航空承运人。

2. 托运人

托运人是指为货物运输与承运人订立合同，并在航空货运单或者货物运输记录上署名的人。

3. 代理人

代理人是指在航空货物运输中，经授权代表承认的任何人。航空货运代理人是伴随航空货运市场的繁荣而发展起来的，它通常接受航空公司委托人的委托，专门从事航空组织工作，如揽货、接货、订舱、制单、报关、交运、转运等。

4. 收货人

收货人是指承运人按照航空货运单或者货物运输记录上所列名称向其交付货物的人。

三、民航货物运输分类

1. 普通货物运输

普通货物运输是指托运人没有特殊要求，承运人和民航当局对货物没有特殊规定的货物运输方式。

普通货物运输按一般运输程序处理，运费为基本价格。

2. 急件运输

急件运输是指货物必须在 24 小时之内发出，收货人急于得到的货物运输方式。急件货物运费是普通货物运费的 1.5 倍，承运人要优先安排舱位运输急件货物。

3. 包机运输

包机运输是指包机人和承运人签订包机合同，机上的吨位由包机人充分利用的货物运输方式。包机吨位包括机上座位和货运吨位。包机的最大载重和运输货物要符合飞行安全的条件和中国民用航空局的有关规定。包机运输的运费按里程计算，如果飞机由其他机场调来，回程没有其他任务时还要收取调机费。调机费也按里程计费，包括调机去程和调机回程。

4. 特种货物运输

特种货物运输是指运输有特殊要求货物的货物运输方式，如运输鲜活易腐类、危险品类、超大超重类、活体动物类等货物。在《中国民用航空货物国内运输规则》中对特种货物运输作了明确的规定：

（1）菌种和生物制品。要开具无毒证明才能运输，运输时要远离食物。有毒或对人体有害的物品除非特殊批准，否则不予运输。

（2）活动物。要求具有检疫证明，大量运输时要有专人押运。包装要能防止动物逃逸，并保证通风，底部要防止动物粪便外溢。

（3）鲜活易腐物品。包装要保证不污染、损坏飞机或其他货物。必要时派人押运，有不良气味的物品不能装在客运班机货舱内。

（4）尸体和骨灰。要有有效的死亡证明、入殓证明和火化证明。尸体应经防腐处理，并要求装载容器，确保气味和液体不外溢。不能和其他货物混装。

（5）贵重物品。贵重物品包括贵重金属、宝石、文物、现钞等。贵重物品的运输时间要尽量短，包装应坚固，并要注意安全防范。

（6）武器、弹药。武器、弹药属管制物品，要有公安机关的证明。包装应牢固，还要有严格的包装手续。

（7）危险品。危险品分为爆炸品、易燃物质、有毒物质、气体、放射性物品、腐蚀品等几大类。除此之外，某些货物和设备不属于危险品，但实际上包含着危险成分或因素，如一些设备中的蓄电池或危险液体，以及用易燃材料制造的玩具、底片等。对于危险品的运输首先要严格按运输规程办理，危及飞行安全的坚决不运，其次应该按危险品的性质采取恰当措施来保证飞行安全。

四、民航货物运输流程

1. 办理托运

外贸企业及工贸企业在备齐货物、收到开来的信用证并经审核（或经修改）无误后，即可办理托运，即按信用证和合同有关装运条款，以及货物名称、件数、装运日期、目的地等填写货物托运单并提供有关单证，送交外运企业作为预订航班的依据。

2. 安排舱位

外运企业收到托运单及有关单据后，合同承运人根据配载原则、货物性质、货运数量、目的地等情况，结合航班来安排舱位，由承运人签发航空货运单。

3. 装货、装机

外运企业根据航班，代外贸企业或工贸企业从仓库提取货物送入机场，凭装货单据将货物送到指定舱位待运（见图 5—9）。

图 5—9　出仓装机

4. 签发运单

货物装机完毕，由承运人签发航空总运单，外运企业签发航空分运单。航空分运单包括正本 3 份、副本 12 份。正本第一份交给发货人，第二份由外运企业留存，第三份随货同行交给收货人。副本 12 份用于报关、财务结算、国外代理、中转分投等用途。

5. 发出装运通知

货物装机后，托运人即可向收货人发出装运通知，以便对方准备付款、赎单、办理收货等手续。

五、民航货物运输特点

民航货物运输虽然起步较晚，但因其具有以下特点，所以发展极为迅速。

1. 手续简便

民航货物运输为了体现其快捷便利的特点，为托运人提供了简便的托运手续，即可以由货运代理人上门取货，为其办理一切运输手续，实现“门到门”的运输服务，极大地方便了托运人和收货人。

2. 安全准确

飞机有一定的班期，各个航空公司都十分重视正点率，把它视为影响企业发展的重要因素之一，因此民航货物运输基本可以保证货物按时到达。另外，航空运输管理制度较为完善，可以保证货物运输质量，减少货物破损率，被盗窃机会也较少，因此更为安全。

3. 节省包装、保险、利息和储存等费用

由于民航运输速度快，货物在途时间短、周期短，因此企业存货可相对减少，资金可迅速回收，从而大大节省贷款利息费用。加之民航货物运输中货损、货差较少，货物包装可以相对简化，从而降低包装费用和保险费用。

4. 运价较高、载量有限、易受天气影响

由于技术要求高、运输成本高等原因，航空运价相对较高。例如，从中国到澳大利亚，空运运价至少是海运运价的 10 倍以上。又由于飞机本身载重量、容积限制，其货运量有限，且航班一旦遇到大雨、大风、大雾等恶劣天气，有可能导致货物的延误及损失。但是由于民航货物运输的优点突出，可在一定程度上弥补上述缺点。

六、民航货物运输市场

根据 2017 年数据统计，全国民航运输机场 2017 年完成货邮吞吐量 1 617.73 万吨，比上年增长 7.1%。其中，东部地区完成货邮吞吐量 1 215.89 万吨，东北地区完成货邮吞吐量 54.74 万吨，中部地区完成货邮吞吐量 102.61 万吨，西部地区完成货邮吞吐量 244.49 万吨（见图 5—10），民航货物运输市场出现了中西部地区明显滞后于东部地区的现象。由此可见，我国中西部民航货运市场潜力巨大。

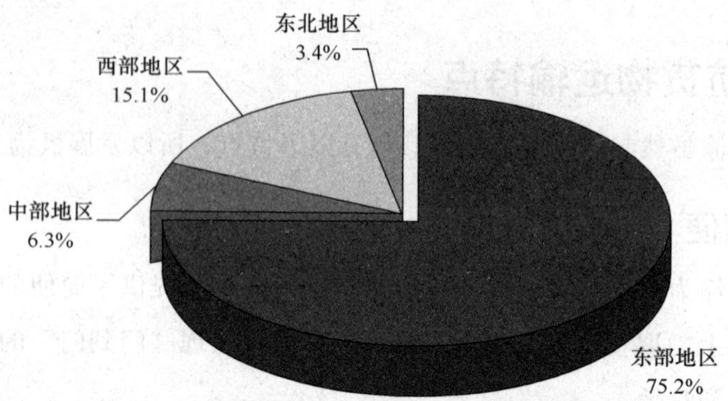

图 5—10　2017 年民航运输机场货邮吞吐量地区分布图

思考与练习

1. 中国民航运输有哪些特点？
2. 国内航线主要分为哪几种类型？
3. 什么是航线？什么是航段？什么是航节？
4. 简述民航旅客运输流程。
5. 民航货物运输责任人有哪些？
6. 简述民航货物运输流程。

第六章 通用航空

学习目标

☞ 了解我国通用航空的许可经营项目

☞ 了解通用航空的常见机型

☞ 了解我国通用航空的发展历程

1986 年之前，我国将通用航空称为“专业飞行”。根据 1981 年颁布的《中国民用航空专业飞行工作细则》规定，专业飞行是指用装有专用设备的飞机进行农业、林业、航空探矿、航空摄影、海上飞行、人工降水等作业项目的飞行。1986 年，国务院颁布《国务院关于通用航空管理的暂行规定》（国发〔1986〕2 号），正式将“专业飞行”改名为“通用航空”，同时明确了通用航空的行业管理机构、从事通用航空活动需要履行的报批手续、从事通用航空经营活动的审批管理程序和要求等。

一、通用航空的许可经营项目

通用航空应用范围十分广泛，根据《通用航空经营许可管理规定》（交通运输部令 2016 年第 31 号），目前通用航空的许可经营项目主要分为以下三大类。

1. 甲类

甲类包括陆上石油服务、海上石油服务、直升机机外载荷飞行、人工降水、医疗救护、航空探矿、空中游览、公务飞行、私用或商用飞行、驾驶执照培训、直升机引航作业、航空器代管服务、出租飞行、包机飞行等。

2. 乙类

乙类包括航空摄影、空中广告、海洋监测、渔业飞行、气象探测、科学实验、城市消防、空中巡查等。

3. 丙类

丙类包括飞机播种、空中施肥、空中喷洒植物生长调节剂、空中除草、防治农林业病虫害、草原灭鼠、防治卫生害虫、航空护林等。

二、通用航空的常见机型

通用航空常见机型主要包括活塞式、涡桨式、涡喷式和旋翼式四类，具体机型见表 6—1。

表 6—1　　　　　　　　通用航空常见机型

类别	机型	图示	许可经营项目类别
活塞式	塞斯纳 172		甲类
	钻石 DA40		甲类
	运 –5		甲类
涡桨式	塞斯纳 208		甲类、乙类、丙类
	运 –12		甲类、乙类、丙类

续表

类别	机型	图示	许可经营项目类别
涡桨式	画眉鸟 S2R-H80		丙类
涡喷式	塞斯纳奖状（525）		甲类
	庞巴迪挑战者 605		甲类
	达索猎鹰 7X		甲类、乙类
	莱格赛 650		甲类

续表

类别	机型	图示	许可经营项目类别
涡喷式	湾流 G550		甲类
旋翼式	施瓦泽 300		甲类、乙类
	罗宾逊 R22		乙类、丙类
	小松鼠 AS350		甲类、乙类、丙类

续表

类别	机型	图示	许可经营项目类别
旋翼式	贝尔 407		甲类、乙类

三、我国通用航空的发展历程

1. 开创发展期（1951—1977 年）

1951 年 5 月，我国首次使用 C-46 型飞机执行广州市防治蚊蝇危害的飞行任务（见图 6—1），翻开了我国通用航空历史的第一页。1952 年，我国组建了第一个通用航空飞行队，即军委民航局航空农林队，基地设在天津，配备捷克的爱罗-45 型飞机 10 架，职工数十人。此后，通用航空飞行队开展了多种通用航空作业项目的试验与生产，取得了较大的成就。

图 6—1 1951 年，广州市防止蚊蝇危害的飞行任务

1952 年，通用航空飞行队使用爱罗-45 型飞机在东北地区执行了首次航空护林任务（见图 6—2）。

1956 年，通用航空飞行队开始进行石油普查航空物探工作，对发现和确定辽河、胜利、大港、克拉玛依、任丘、中原等陆地油田和一些海底油田起到了先导作用。

图 6—2　1952 年，通用航空飞行队执行首次航空护林任务

1956 年，为兴建长江三峡水利工程，通用航空飞行队对长江三峡进行了首次航空测量（见图 6—3）。

图 6—3　通用航空飞行队对长江三峡进行首次航空测量

1967 年，通用航空飞行队在黑龙江省首次进行播种水稻试验（见图 6—4），获得初步成果，此后，在 11 个省、自治区、直辖市进行了飞播水稻作业。

1969—1971 年，为了解“世界屋脊”青藏高原的地质构造，通用航空飞行队派出装有核子旋进磁力仪的安-12 型飞机执行航空摄影和探矿等作业。

1974 年，通用航空飞行队开始对青藏铁路格尔木至拉萨段进行航空摄影作业，保证了铁路初步设计工作的顺利开展，大大节省了人力、物力。

1975 年，河南省驻马店地区发生特大洪水灾害，通用航空飞行队派直升机空运空投救灾物资（见图 6—5）。

这一时期，我国通用航空事业发展迅速，在一定程度上支持了航空运输业的发展。

图 6—4　1967 年，通用航空飞行队在黑龙江省首次进行播种水稻试验

图 6—5　直升机空运空投救灾物资

2. 恢复发展期（1978—1991 年）

1978 年 12 月，十一届三中全会召开后，我国各项建设事业重新走上了健康发展的道路，在正确方针的指引下，通用航空事业出现了新的转机。

1980年，中国民用航空局脱离空军建制，划归国务院直接领导，开始运用经济手段，按照经济规律开展工作。

1986年，《国务院关于通用航空管理的暂行规定》正式颁布，进一步规范了我国通用航空事业的各项管理。

1987年，我国开始利用沙漠钢板跑道实施通用航空作业，如图6—6所示。

图6—6 在新疆塔中沙漠钢板跑道起飞的飞机

这一时期，我国先后引进了安-12、安-30、米-8、云雀等型飞机和直升机。这些机型大都是以涡轮喷气发动机为动力，马力大、载重量大、油耗低，机载电子设备比较先进，升限范围大，飞机机动性好，一部分机型还配有自动驾驶仪，大大降低了飞行员的劳动强度，同时也扩大了通用航空的应用范围，使我国开展复杂地区的通用航空作业有了可靠的物质保障。

3. 持续发展期（1992—2015年）

20世纪90年代开始，我国的航空运输业进入持续快速的发展时期。1991年，我国航空运输总周转量已达32亿吨公里，为1978年的10.7倍，平均每年递增20%。但这一阶段，虽然通用航空事业也有较大发展，但从趋势上看，已发生作业量下降、相应机型没有更新、飞机数量减少等现象，整体实力日益下降。

针对这一情况，1995年12月，中国民用航空总局召开了全国民航通用航空工作会议，制定了《中共民航总局党委关于发展通用航空若干问题的决定》(以下简称《决定》)。《决定》下发后引起了强烈反响，此后，我国通用航空业进入了持续发展的时期。

2009年5月26日，我国第一家专为通用航空培养综合人才的院校——中国民航大学通用航空学院在天津正式成立，为我国通用航空事业发展培养人才。

2009 年 12 月，中国民用航空局下发《民航局关于加快通用航空发展的措施》(以下简称《措施》)。《措施》围绕“改善通用航空发展环境，增强通用航空作业服务能力”这两个方面，提出了共 15 条具体措施，这是我国通用航空发展过程中出台的第二项重要政策。

这一阶段，我国通用航空业发展迅速，截至 2015 年年底，我国通用航空机场超过 300 个，通用航空企业 281 家，在册通用航空器 1 874 架。但总体上看，此阶段我国通用航空业规模仍然较小，基础设施建设相对滞后，低空空域管理改革进展缓慢，航空器自主研发制造能力不足，通用航空运营服务力量薄弱，与经济社会发展和新兴航空消费需求仍有较大差距。

4. 重点发展期（2016 年以后）

为加快提升服务保障能力，促进产业转型升级，释放消费潜力，实现通用航空业持续健康发展，国务院办公厅 2016 年颁布了《关于促进通用航空业发展的指导意见》(以下简称《意见》)。《意见》突出问题导向，提出了通用航空业未来发展五个方面的重点任务。

（1）培育通用航空市场

强化通用航空交通服务功能，积极发展短途运输，满足偏远地区、地面交通不便地区人民群众的基本出行需求；鼓励发展公务航空，适应个性化、高效率的出行需求；扩大通用航空在抢险救灾、医疗救护等公益服务领域以及农林生产方面的应用，促进通用航空与旅游、体育以及互联网、创意经济的融合发展，引领新兴大众消费。

（2）加快通用机场建设

统筹协调通用航空与公共运输航空的规划布局，合理确定标准，完善审核程序，分类推进通用机场建设，解决“落地难”问题。

（3）促进产业转型升级

增强自主创新能力，突破关键技术，提升制造水平，推广应用新技术。建设综合或专业示范区，促进产业集聚，优化产业布局，提升国际竞争力。

（4）扩大低空空域开放

实现真高 3 000 米以下监视空域和报告空域无缝衔接，简化飞行审批（备案）程序，明确报批时限要求，方便通用航空器快捷机动飞行，解决“上天难”问题。

（5）强化全程安全监管

建立跨部门、跨领域的通用航空联合监管机制，在方便通用航空飞行活动的同时，加强安全监管能力建设和执法力度，对通用航空器生产准入、适航管理、运行安全等实施全过程监管，确保通用航空飞行安全有序。

《意见》还提出，到2020年，全国要建成500个以上通用机场，基本实现地级以上城市拥有通用机场或兼顾通用航空服务的运输机场，覆盖农产品主产区、主要林区、50%以上的5A级旅游景区；通用航空器达到5 000架以上，年飞行量达200万小时以上；通用航空器研发制造水平和自主化率有较大提升，国产通用航空器在通用航空机队中的比例明显提高；培育一批具有市场竞争力的通用航空企业，通用航空业经济规模超过1万亿元，初步形成安全、有序、协调的发展格局。

思考与练习

1. 简述通用航空的许可经营项目类别。
2. 通用航空的常见机型有哪几类？
3. 我国通用航空未来发展主要体现在哪些方面？

附录 1　常见民航公共信息标志图形符号

图形符号	名称
	机场 Airport
	方向 Direction
	入口 Entry
	出口 Exit
	上楼楼梯 Stairs Up
	下楼楼梯 Stairs Down
	楼梯 Stairs
	水平步道 Moving Walkway
	向下自动扶梯 Escalator Down

续表

图形符号	名称
	向上自动扶梯 Escalator Up
	电梯 Elevator/Lift
	残障人士电梯 Elevator for Handicapped
	洗手间 Toilets
	残障人士（专用通道） Access for Handicapped
	男性 Male
	女性 Female
	女更衣室 Female Dressing Room

续表

图形符号	名称
	男更衣室 Male Dressing Room
	行李寄存 Left Baggage
	行李托运 Baggage Check-in
	乘机手续 Check-in
	售票 Ticketing
	国内航班乘机手续 Domestic Check-in
	国际航班乘机手续 International Check-in
	到达 Arrivals
	出发 Departures

续表

图形符号	名称
	安全检查 Security Check
	托运行李检查 Baggage Check
	卫生检疫 Quarantine
	动植物检疫 Animal and Plant Quarantine
	出 / 入境边防检查 Emigration/Immigration
	海关 Customs
	警察 Police
	汇合点 Meeting Point

续表

图形符号	名称
	民航售票 Airline Tickets 自助办票 Self check-in
	电话 Telephone
	停车场 Parking
	租车服务 Car Hire
	红色通道（有申报物品通道） Red Channel（Goods to Declare）
	绿色通道（无申报物品通道） Green Channel（Nothing to Declare）
	候机厅 Waiting Hall
	头等舱候机室 First Class Lounge
 VIP	贵宾候机室 VIP Lounge

续表

图形符号	名称
	母婴室 Nursery
	登机口 Gate
	行李手推车 Baggage Cart
	宾馆服务 Hotel Service
	结账 Settle Accounts
	行李提取 Baggage Claim
	行李查询 Baggage Inquiries
	商店 Shop
	货物查询 Freight Inquiries

续表

图形符号	名称
	中转联程 Transfer
	问讯 Information
	转乘国内航班 Domestic Tansfers
	转乘国际航班 International Tansfers
	电报 Telegraphs
	请保持安静 Quiet
	机场大巴 Airport Bus
 TAXI	出租车 Taxi
	餐饮 Restaurant

续表

图形符号	名称
	中餐 Chinese Restaurant
	咖啡厅 Cafe
	失物招领 Lost and Found
	银行 Bank
	货币兑换 Currency Exchange
 ATM ¥	自动柜员机 ATM
	地铁 Subway

续表

图形符号	名称
	急救室（医务室） First Aid
	乘客止步 No Thoroughfare
	请勿吸烟 No Smoking
	请勿触摸 No Touching
	请勿携带宠物 No Pets
	请勿使用手机 Do Not Use Mobile Phone

续表

图形符号	名称
	请勿拍照 Do Not Take Photos

附录 2　国内主要城市及机场三字代码

省（自治区、直辖市、特别行政区）	地区名称	三字代码	机场名称
安徽	合肥	HFE	合肥新桥国际机场
安徽	黄山	TXN	黄山屯溪国际机场
北京	北京	PEK	北京首都国际机场
福建	福州	FOC	福州长乐国际机场
福建	厦门	XMN	厦门高崎国际机场
甘肃	嘉峪关	JGN	嘉峪关机场
甘肃	兰州	LHW	兰州中川国际机场
广东	广州	CAN	广州白云国际机场
广东	珠海	ZUH	珠海金湾国际机场
广西	桂林	KWL	桂林两江国际机场
广西	南宁	NNG	南宁吴圩国际机场
贵州	贵阳	KWE	贵阳龙洞堡国际机场
海南	海口	HAK	海口美兰国际机场
海南	三亚	SYX	三亚凤凰国际机场
河北	石家庄	SJW	石家庄正定国际机场
河南	郑州	CGO	郑州新郑国际机场
黑龙江	哈尔滨	HRB	哈尔滨太平国际机场
湖北	武汉	WUH	武汉天河国际机场
湖南	长沙	CSX	长沙黄花国际机场
吉林	长春	CGQ	长春龙嘉国际机场
江苏	南京	NKG	南京禄口国际机场
江西	南昌	KHN	南昌昌北国际机场
辽宁	沈阳	SHE	沈阳桃仙国际机场
内蒙古	包头	BAV	包头东沙机场
宁夏	银川	INC	银川河东国际机场
青海	西宁	XNN	西宁曹家堡国际机场
山东	青岛	TAO	青岛流亭国际机场
山东	济南	TNA	济南遥墙国际机场
山西	太原	TYN	太原武宿国际机场

续表

省（自治区、直辖市、特别行政区）	地区名称	三字代码	机场名称
陕西	西安	XIY	西安咸阳国际机场
上海	浦东	PVG	上海浦东国际机场
上海	虹桥	SHA	上海虹桥国际机场
四川	成都	CTU	成都双流国际机场
天津	天津	TSN	天津滨海国际机场
西藏	拉萨	LXA	拉萨贡嘎国际机场
新疆	乌鲁木齐	URC	乌鲁木齐地窝堡国际机场
云南	昆明	KMG	昆明长水国际机场
浙江	杭州	HGH	杭州萧山国际机场
重庆	重庆	CKG	重庆江北国际机场
香港	香港	HKG	香港国际机场
澳门	澳门	MFM	澳门国际机场
台湾	台北	TPE	台湾桃园国际机场

附录 3 国际主要城市及机场三字代码

机场三字代码	地区名称	所属国家和地区
AKL	奥克兰	新西兰
AMS	阿姆斯特丹	荷兰
ATH	雅典	希腊
AUH	阿布扎比	阿拉伯联合酋长国
BCN	巴塞罗那	西班牙
BER	柏林	德国
BKK	曼谷	泰国
BOM	孟买	印度
BRN	伯尔尼	瑞士
BRU	布鲁塞尔	比利时
BSB	巴西利亚	巴西
BSL	巴塞尔	瑞士
BUD	布达佩斯	匈牙利
BUE	布宜诺斯艾利斯	阿根廷
CBR	堪培拉	澳大利亚
CCU	加尔各答	印度
CHI	芝加哥	美国
CPH	哥本哈根	丹麦
CPT	开普敦	南非
DXB	迪拜	阿拉伯联合酋长国
FRA	法兰克福	德国
HEL	赫尔辛基	芬兰
HNL	夏威夷	美国
ICN	首尔	韩国
LAX	洛杉矶	美国
LED	圣彼得堡	俄罗斯
LIS	里斯本	葡萄牙
LON	伦敦	英国
MAD	马德里	西班牙
MAN	曼彻斯特	英国

续表

机场三字代码	地区名称	所属国家和地区
MEL	墨尔本	澳大利亚
MEX	墨西哥城	墨西哥
MIL	米兰	意大利
NYC	纽约	美国
TYO	东京	日本
OSA	大阪	日本
OSL	奥斯陆	挪威
PAR	巴黎	法国
PFN	巴拿马城	巴拿马
REK	雷克雅未克	冰岛
RIO	里约热内卢	巴西
ROM	罗马	意大利
SEZ	塞舌尔	塞舌尔群岛
SFO	旧金山	美国
SIN	新加坡	新加坡
SYD	悉尼	澳大利亚
WAS	华盛顿	美国
YVR	温哥华	加拿大
YYZ	多伦多	加拿大
ZRH	苏黎世	瑞士